BERT入門

プロ集団に学ぶ新世代の自然言語処理

佐藤大輔・和知徳磨・湯浅 晃・片岡紘平［共著］
野村雄司［監修］

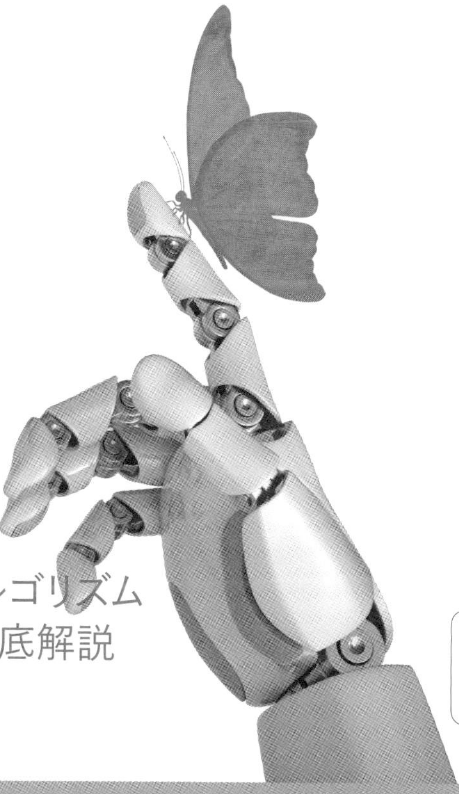

Attention機構
Transformerアルゴリズム
BERTモデルを徹底解説

AI/Data Science 実務選書

リックテレコム

注　意

1. 本書は、著者が独自に調査した結果を出版したものです。
2. 本書は万全を期して作成しましたが、万一ご不審な点や誤り、記載漏れ等がありましたら、出版元まで書面にてご連絡ください。
3. 本書は情報提供のみを目的としており、本書の記載内容を運用した結果およびその影響については、上記にかかわらず本書の著者、発行人、発行所、その他関係者のいずれも一切の責任を負いませんので、あらかじめご了承ください。
4. 本書の記載内容は、執筆時点である 2022 年 5 月現在において知りうる範囲の情報です。本書に記載された URL やソフトウェアの内容、インターネットサイトの画面表示内容などは、将来予告なしに変更される場合があります。
5. 本書に掲載されているサンプルプログラムや画面イメージ等は、特定の環境と環境設定において再現される一例です。
6. 本書に掲載されているプログラムコード、図画、写真画像等は著作物であり、これらの作品のうち著作者が明記されているものの著作権は、各々の著作者に帰属します。

商標の扱い等について

1. Python は、Python Software Foundation の登録商標です。
2. Transformers は Hugging Face Inc. の商標または登録商標である可能性があります。
   参考：https://huggingface.co/terms-of-service
3. 上記のほか、本書に記載されている商品名、サービス名、会社名、団体名、およびそれらのロゴマークは、一般に各社または各団体の商標または登録商標である場合があります。
4. 本書では原則として、本文中においては ™ マーク、®マーク等の表示を省略させていただきました。
5. 本書の本文中では日本法人の会社名を表記する際に、原則として「株式会社」等を省略した略称を記載しています。また、海外法人の会社名を表記する際には、原則として「Inc.」「Co., Ltd.」等を省略した略称を記載しています。

はじめに

近年、深層学習（ディープラーニング）技術の発展に伴い、AIのビジネス導入が目覚ましく普及しています。当初は画像認識技術が注目を集めていましたが、2018年にGoogleが発表したBERTが自然言語処理にブレイクスルーをもたらし、一気に自然言語処理がAIの中心となりました。

BERTの登場以降、自然言語処理のビジネス適用は急速に進んでいます。これは次のような点で、BERTが高いポテンシャルを秘めているからです。

- 巨大化を続ける最先端のモデルと比較して軽量・高速であること
- 応用研究が多く、文書分類・情報抽出・質問応答など1つのモデルで様々なタスクに対応可能なこと
- アルゴリズムだけでなく、様々な言語・状況に対応した事前学習モデルが公開され、誰でも利用可能であること

2022年現在、BERTは既に最新の技術ではありませんが、最近の自然言語処理モデルの多くは、BERTの仕組みや学習方法をベースにしています。このため、BERTを理解することで、GPT-3など近年話題の最新技術はもちろんのこと、今後登場する自然言語処理技術も容易にキャッチアップすることができるでしょう。

本書では、BERT以前の自然言語処理技術と比較しながら、BERTの利点や仕組みを説明します。また、自然言語処理の代表的なタスクに対するBERTの実装コードを交えながら解説していきます。

想定読者

本書は主に以下のような方々を対象としています。

- AIや機械学習、自然言語処理に興味があり、自分で勉強している技術者
- 自然言語処理技術の業務適用を検討しているビジネス担当者
- 自然言語処理についてサンプル実装を必要としている技術担当者

前提とする知識やスキル

- 機械学習について、入門書を読むなどして概要を理解している
- Pythonまたは他のプログラム言語の実装経験があり、プログラムの基礎を理解している
- 助言やWebページを参考にすれば、機械学習のコードを実装できる

本書のゴール

本書では、以下のような知識とスキルの獲得を目標に設定しています。

【知識面】

- 近年の自然言語処理技術の動向を把握できる
- BERT の仕組みや特性を理解できる
- BERT のビジネス適用で頻出するいくつかの課題と、解決例が解る

【技量・スキル面】

- BERT の実行環境を構築できるようになる
- BERT を用いる代表的タスクの実装・検証ができるようになる
- データの偏りや根拠の抽出など、BERT ビジネス適用の課題に、技術面から解決案を策定し実装できるようになる

本書の特徴

本書の著者陣は、自然言語処理のビジネス適用に豊富な経験を有しています。特に BERT については、多くのビジネス検証を行い、かつ、独自の応用技術の研究開発も進めている専門家集団です。技術面だけでなく、実務課題の解決に役立つ情報を提供できます。本書ではそうしたプロフェッショナル集団が、Attention 機構・Transformer アルゴリズム・BERT モデルの仕組みの詳解から、現場で使えるコードとノウハウまでを手引きします。この１冊で、自然言語処理と BERT の基礎を網羅するよう努めましたので、是非とも実践に直結する力を身に付けてください。

各種ご案内

●ダウンロードサービス

本書をお買い上げの方は、本書に掲載されたものと同等のプログラムやデータのサンプルのいくつかを、下記のサイトよりダウンロードして利用することができます。

https://www.ric.co.jp/book/index.html

リックテレコムの上記 Web サイトの左欄「総合案内」から「データダウンロード」ページへ進み、本書の書名を探してください。そこから該当するファイルの入手へと進むことができます。その際には、以下の書籍 ID とパスワード、お客様のお名前等を入力していただく必要がありますので予めご了承ください。

書籍 ID ： ric1340　　パスワード ： prg1340

●開発環境・動作確認環境

本書記載のプログラムコードは、主に以下の環境で開発と動作確認を行いました。

- Google Colaboratory
  https://colab.research.google.com/?hl=ja

●本書刊行後の補足情報

本書の刊行後、記載内容の補足や更新が必要となった場合、下記に読者フォローアップ資料を掲示する場合があります。必要に応じて参照してください。

https://www.ric.co.jp/book/contents/pdfs/1340_support.pdf

●正誤表

本書の記載内容には万全を期しておりますが、万一重大な誤り等が見つかった場合は、弊社の正誤表サイトに掲載致します。アクセス先 URL は奥付（最終ページ）の左下をご覧ください。

Contents

第1章

NLPの基礎知識

本章では「自然言語処理（Natural Language Processing：NLP）」を理解するうえで必要な基礎知識を学びます。日本語を処理するうえで欠かせない形態素解析、テキストデータの読み込み方法や正規表現といった基本的な処理を紹介します。また、BERTも該当する「機械学習」という技術分野と、その関連用語に関して説明します。

1.1 NLPとは?

NLPとはNatural Language Processing（自然言語処理）の略で、人間の話し言葉や書き言葉をコンピュータで解析する技術全般を指します。

例えば、皆さんが日常的に行っている入力した文字の変換は「かな漢字変換」呼ばれる技術領域ですし、スマートフォンやスマートスピーカーには「音声認識」や「音声合成」というNLPの技術が使われています。また、近年大変性能が上がってきた自動翻訳も「機械翻訳」と呼ばれるNLP技術です。このようにNLPは、皆さんの日常生活の様々なところで使われています。

NLPは長年研究されていますが、近年は本書でも取り上げるBERTなど、ディープラーニングベースの手法が主流となりつつあり、性能が極めて高くなってきています。本書では、BERTの説明に移る前に、従来の自然言語処理技術に関し紹介していきます。

1.1.1 形態素解析

本章では、まずディープラーニング以前の自然言語処理の流れをイメージしてもらいたいと思います。

例えば、以下のような文章を処理対象としたいとします。

日本語：私は去年、東京都に住んでいました。
英　語：I lived in Tokyo last year.

文章をコンピュータで処理しようとした際にまず行うことの一つは、文章を「単語」の単位に分割することです。

英語の文章は日本語よりも、単語の切れ目や文法構造が明確だといわれています。単語に分けるとすると、以下のようになるのは明白です。

I / lived / in / Tokyo / last / year / .

一方、日本語の文章を単語に分割するとどうなるでしょうか。『東京都』は"東京都（とうきょうと）"の可能性が高いと思いますが、"東（ひがし）"・"京都（きょうと）"も考えられます。『住んでいました』を単語として分けるには、どこで区切れるのか悩むかもしれません。このように日本語は、英語と比較して取り扱うのに少し難しい部分があります。

文章の単語分割をコンピュータに行わせようとしたとき、最も基本的なアプローチは「形態素解析」と呼ばれる技術を使うことです。現在、様々な形態素解析を行う処理エンジンが公開されています。本章では、pythonのみで手軽に形態素解析を行うことができる「Janome」を使っていきます。

リスト1.1に示したサンプルコードのように、Janomeをインストールし、janomeのTokenizerインスタンスを作成して、解析対象のテキストをそのtokenizeメソッドに渡すことで形態素解析が行われます。以下、コードの下に処理結果を示します。

リスト1.1：ch01_01_nlp.ipynb

```
#janomeのインストール
!pip install janome
#janomeライブラリの利用準備
from janome.tokenizer import Tokenizer
t = Tokenizer()

text = "私は去年、東京都に住んでいました。"

for token in t.tokenize(text):
  print(token)
```

```
私	名詞,代名詞,一般,*,*,*,私,ワタシ,ワタシ
は	助詞,係助詞,*,*,*,*,は,ハ,ワ
去年	名詞,副詞可能,*,*,*,*,去年,キョネン,キョネン
、	記号,読点,*,*,*,*,、,、,、
東京	名詞,固有名詞,地域,一般,*,*,東京,トウキョウ,トーキョー
都	名詞,接尾,地域,*,*,*,都,ト,ト
に	助詞,格助詞,一般,*,*,*,に,ニ,ニ
住ん	動詞,自立,*,*,五段・マ行,連用タ接続,住む,スン,スン
で	助詞,接続助詞,*,*,*,*,で,デ,デ
い	動詞,非自立,*,*,一段,連用形,いる,イ,イ
まし	助動詞,*,*,*,特殊・マス,連用形,ます,マシ,マシ
た	助動詞,*,*,*,特殊・タ,基本形,た,タ,タ
。	記号,句点,*,*,*,*,。,。,。
```

処理の結果、以下のように単語が分割され、それぞれの品詞情報も取得できました。

“私:名詞”“は:助詞”“去年:名詞”“、:記号”“東京:名詞”“都:名詞”“に:助詞”“住ん:動詞”“で:助詞”“い:動詞”“まし:助動詞”“た:助動詞”“。:記号”

このような処理が形態素解析であり、区切られた一つ一つの単語を「形態素」と呼びます。

それではこの文章から名詞だけを抽出してみます。

Janomeのチュートリアル[1]によると、品詞情報はpart_of_speech、形態素はsurfaceというAPIで取得できるようです。その機能を使うと、以下のように容易に名詞のみを抽出することができました。

リスト1.2:品詞の指定による名詞の取得

```
for token in t.tokenize(text):
  if token.part_of_speech.split(',')[0] == '名詞':
    print(token.surface)
```

```
私
去年
東京
都
```

今回は紹介しませんが、このほか文章の係り受け解析を行う「構文解析」[2]や、代名詞の対象を特定する「照応解析」[3]などについてもツールが整備されており、いずれも比較的簡単に実行することができます。

1 Janome チュートリアル:https://note.nkmk.me/python-janome-tutorial/

2 構文解析の代表的なツールとしてはCabochaが挙げられます。http://taku910.github.io/cabocha/

3 代表的なツールとして「KNP」が挙げられます。照応解析に限らず、係り受け解析や格解析なども実行可能です。https://NLP.ist.i.kyoto-u.ac.jp/index.php?KNP

1.1.2 文章データの取り扱い

NLPが必要になる多くの場面で、文章はテキストデータ（拡張子txt、csv、tsvなど）の形式で存在しています。ここでは、そういったデータファイルの取り扱い方を見てみます。

最初に、本書のsample.txt[4]を表示してみます。このサンプルデータは1行が2列で構成されており、1列目は行番号、2列目はテキストデータであり、列はカンマ(,)区切りとなっています。そのため、split関数にてリストに分割し、2列目のみを扱います。

それでは実際にテキストファイルを読み込み、1行ずつ2列目のみを表示してみます。

リスト1.3：本書のsample.txtを表示する

```
#ファイルの読み込み、及びテキスト部分の出力
texts = []
for line in open('sample.txt'):
  #2列目のみ取得する
  row, text = line.split(',')
  print(text)
  texts.append(text)
```

以上のように、テキストファイルの内容を確認することができました。

1.1.3 正規表現

続いて、このテキストからの情報抽出を行ってみます。例えば、先程のサンプル文書の中から西暦を抽出する場合には、どのような方法が考えられるでしょうか？

西暦を言葉で表すと、たいていは数字の後ろに"年"が続き、数字は0から9まですべての可能性があり、何桁続くかも分かりません（紀元後に限定すれば、ほぼ1桁から4桁でしょうが…）。このような様々な表記が考えられる場合に、パターンを統一して表せるようにするのが「正規表現」[5]です。

それでは、正規表現を用いて西暦を抽出してみます。

Pythonにはreという正規表現のモジュールが用意されており、これを利用する際はimport reでインポートします。今回は、re.searchを用いてみます。

---

4 入手方法については、本書の巻頭「各種ご案内」の「ダウンロードサービス」を参照してください。
5 正規表現のマニュアル：https://docs.python.org/ja/3.7/library/re.html

リスト 1.4：正規表現による西暦抽出

```
# 正規表現用のモジュール読み込み
import re
# 前節で読み込んだファイル内容の利用
for line in texts:
# 数値の繰り返し+年を抽出
  m = re.search(r'[0-9]+年',line)
  if m:
    print(m.group())
```

```
1960年
2021年
2021年
```

re.search の1番目の引数が正規表現であり、2番目の引数が正規表現の適用対象となります。

[0-9] は0から9までの数値を意味しており、+は直前の正規表現を1回以上繰り返したものにマッチさせる意味です。つまり「0から9が1回以上続き、年で終わる」という形式を、「[0-9]+年」で表しています。

この例では、正規表現を使用することで、うまく西暦を取得することができました。このように、正規表現を利用すると多くのパターンを1フレーズで表現でき、大変便利です。

1.1.4　単語の出現頻度のカウント

それでは本節(1.1)の最後として、一つひとつの単語(形態素)の出現頻度を数え上げ、どのような単語が多く出ているかを確認してみます。

一般的に、その文章を特徴づける単語は名詞や動詞であると考えられますので、今回は句読点や助詞などは対象外とし、名詞と動詞のみをカウント対象とします。後は、形態素解析の項(1.1.1)で行った品詞情報の抽出を応用すれば、対象の品詞のみをカウントできるでしょう。また、defaultdict というライブラリを用いて、形態素ごとの出現回数を数えることにします。

リスト 1.5：単語の出現頻度カウント

```
from collections import defaultdict

word_count = defaultdict(int)
# 対象品詞の絞り込み
```

```
target_pos = ['名詞','動詞']
for line in texts:
  for token in t.tokenize(line):
    if token.part_of_speech.split(',')[0] in target_pos:
      word_count[token.surface] += 1

# 頻度の降順で並び替え
print(sorted(word_count.items(), key=lambda x:x[1], reverse=True))
```

```
[('私', 3), ('東京', 3), ('年', 3), ('将棋', 3), ('京都', 2), ('好き', 2),
('明日', 2), ('2021', 2), ('都', 1), ('住ん', 1), ('い', 1), ('母', 1),
('1960', 1), ('生まれ', 1), ('格言', 1), ('歩', 1), ('負け', 1), ('大阪',
1), ('移動', 1), ('する', 1), ('天気', 1), ('晴れ', 1), ('犬', 1), ('猫',
1), ('豊洲', 1), ('駅', 1), ('30', 1), ('分', 1), ('かかる', 1), ('今年',
1), ('オリンピック', 1), ('開催', 1), ('さ', 1), ('れ', 1), ('自然', 1), ('
言語', 1), ('解析', 1)]
```

この結果は、各形態素とペアとなっている数字が、その形態素の出現頻度を表しています。sortedのx:x[1]は、一つ一つの辞書の値('私', 3)における2番目の値（出現頻度）をもとにして、ソートを行う処理になります。

以上により、出現頻度の高い形態素を確認することができました。例えば、"私"、"東京"が多いことから、自分語りと東京の話題が多いテキストではないかと想定されますね。

本章では、自然言語処理の基本的な手順を学びました。近年のディープラーニング方式が主体の自然言語処理では、これらを使わなくても処理が行えてしまう場合も多々ありますが、このような処理のみで十分対応できる課題もあれば、テキストの前処理などで活躍することもありますので、習得しておいて損のない技術です。

1.2 機械学習とは?

近年はあらゆる分野でデータの取得が行われています。また、コンピュータの性能が向上したこともあり、大量のデータを扱う機会が増えてきました。一方、大規模なデータから何かしらの規則性を人手で見つけることには困難を伴います。そこでコンピュータによって規則を発見し、その規則を用いて分類や予測などを行う仕組みが考案されて、「機械学習」と呼ばれ注目されています。機械学習において、与えられた多くのデータから規則を学ぶことを「学習」と呼び、その代表的な枠組みとしては「教師あり学習」、「教師なし学習」、「強化学習」があります。

- 教師あり学習では通常、学習に用いる「訓練データ」と、学習結果を評価するための「テストデータ」を準備します。一般的にこれらのデータは、データそのものと、それぞれについての予測結果の正解とがセットとなっており、「教師データ」と呼ばれます。訓練データから規則を発見し、テストデータを用いて、未知のデータに対する規則の適合度合(汎化性能)を確認します。教師あり学習によって解く問題には、未知のデータの該当するカテゴリを当てる「分類」タスクや、データの値を予測する「回帰」問題というタスクがあります。

- 教師なし学習は、正解などを与えず、データからコンピュータが自動的にその規則性を見つける学習方式です。正解を与えるわけではないため、発見された規則性が何を意味するかに関しては別途解釈が必要です。例えば「クラスタリング」という処理では、データ全体を何らかの特徴のあるグループへと自動的に分ける処理が行われますが、そのグループに対しての意味付けは人が行います。

- 強化学習は、学習主体(エージェント)の現在の状態と行動後の状態に基づいて、その行動の良し悪し(報酬)を算出し、報酬を最大とするような行動を学習していく方式です。近年では、囲碁や将棋のAIが指し手を学習する際のアプローチとして使われました。

自分の行いたい処理がどの学習方式で叶うのかを判断するには、初めはScikit-Learn[6]のチートシートが参考になります。ただし自然言語処理に関しては、あまり細かく分類されていません。一つ一つのアルゴリズムよりも、classification(分類)、clustering(クラスタリング)、dimensionality reduction(次元削減)、regression(回帰)などのうち、どの手法を使うべきかを意識して参照するようにしてください。

6 Pythonの機械学習ライブラリ。オープンソースとして公開されており、教師あり学習のほか、教師なし学習のSVM、ランダムフォレスト、回帰、クラスタリングといったアルゴリズムを一通り利用でき、サンプルのデータセットも豊富です。
https://scikit-learn.org/stable/tutorial/machine_learning_map/

なお、「機械学習」と似た言葉に、人工知能（AI）、深層学習（ディープラーニング）があり、いずれもよく使われています。これらの言葉と言葉の関係は下の図のようになっています。

人工知能は機械学習を内包する、より広い概念であり、人間の行うような問題解決や意思決定をコンピュータに代替させる処理全般を指します。

一方、深層学習は機械学習の中の一分野であり、人間の脳の構造と機能を模したニューラルネットワークを重ねた構造がよく用いられます。構造が複雑であり、十分なデータ量があれば自動的に特徴を抽出できるといわれており、画像処理や自然言語解析技術に大きな精度向上をもたらしています。

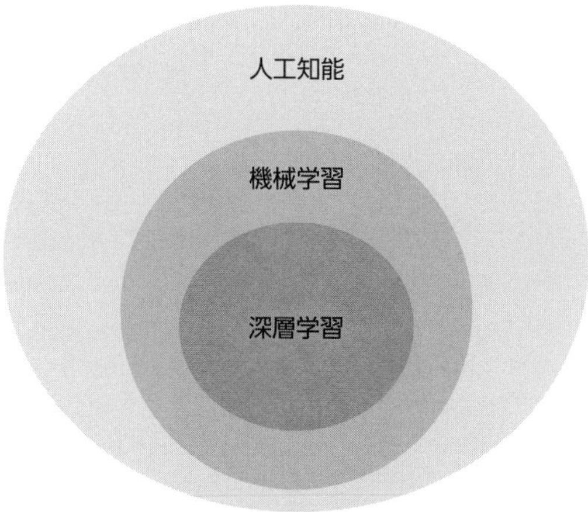

図 1.1　人工知能・機械学習・深層学習の関係

本書では、次章から自然言語解析における機械学習、そして深層学習に相当する技術を紹介していきます。

第2章

NLPの技術解説

本章ではBERT登場以前の、機械学習をベースとした自然言語処理技術を紹介します。BERTが登場した経緯を理解するためにも、それぞれの技術でできるようになったことに加え、欠点についても見ていきましょう。

2.1 Bag of Words

Bag of Words（BoW）とは、文書中に出現する単語の数を数え上げる手法です。文章を単語（Words）に分割し、袋（Bag）に入れてカウントするイメージです。

以下の例では、2つの文書に対するBoWの処理結果を示しています。列が単語の種類分だけ存在し、行が文書の数だけ存在します。

実際の処理としては、「今日」は0、「は」は1、「よい」は2…と単語番号を割り振っていきます。また各セルの数値は、それぞれの文書にその単語が何回出現したかを表しています。これにより、各文書の特徴をある程度掴むことができます。

形態素解析

文章1：今日は良い天気だ。　->　今日　は　よい　天気　だ　。

文章2：今日は晴れだが明日は雨だ。　->　今日　は　晴れ　だ　が　明日　は　雨　だ　。

単語番号	0	1	2	3	4	5	6	7	8	9
	今日	は	よい	天気	だ	。	晴れ	が	明日	雨
文書1	1	1	1	1	1	1	0	0	0	0
文書2	1	2	0	1	2	1	1	1	1	1

図 2.1　BoWのイメージ

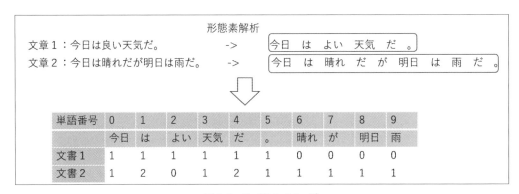

本章では、Scikit-Learn[1]に組み込まれているCountVectorizer[2]を用いて実装を行ってみます。

リスト 2.1：原形での単語処理

```
def base_toknizer(text):
  tok = []
  for token in t.tokenize(text):
    if token.part_of_speech.split(',')[0] in target_pos:
      # 単語の原形でカウントする
      tok.append(token.base_form)
  return tok
print(sorted(word_count.items(), key=lambda x:x[1], reverse=True))
```

1　Pythonで機械学習を行う際に広く利用されているオープンソースのライブラリ。1章末の脚注も参照。
https://scikit-learn.org/stable/

2　https://scikit-learn.org/stable/modules/generated/sklearn.feature_extraction.text.CountVectorizer.html

今回は第1章のときとは異なり、token.base_form によって形態素解析の結果を「原形」に直したうえでカウントを行っています。これにより、同じ単語に関しては、文中での活用形が異なっても同一のものとして扱うことができます。

例えば、「書く」という単語には「書かない・書きます・書く・書くとき・書けば・書け」という6つの活用形が存在します。原形に変換することで、いずれの場合も「書く」という同一の単語が使われたとみなし、取り扱う単語の種類を削減する効果が期待できます。

BoW の作成は以下の手順で行います。

リスト 2.2：BoW の作成

```
bow = CountVectorizer(analyzer=base_toknizer)
count = bow.fit_transform(texts)
bow.vocabulary
```

```
{'1960': 0,
 '2021': 1,
 '30': 2,
 'いる': 3,
 'かかる': 4,
 'する': 5,
 'れる': 6,
 'オリンピック': 7,
 '京都': 8,
 '今年': 9,
 '住む': 10,
 '分': 11,
 '大阪': 12,
 '天気': 13,
 '好き': 14,
 （略）
```

CountVectorizer に、先ほど作成した原形を返す tokenizer を設定したインスタンスを作成し、そこにテキストデータを入力することで処理が行われます。また、vocabulary_ で、どの単語に何番が割り振られたかを確認することができます。

2.2 ニューラルネット時代の言語処理技術

2.2.1 Word2vec

前節（2.1）では、BoWによって単語に番号を付与しました。このアプローチは「単語のOne-hot表現」と呼ばれ、それぞれの単語を以下のようなリストで表すことができます。

今日：[1,0,0,0,0,0,0,0,0,0]
晴れ：[0,0,0,0,0,0,1,0,0,0]

この方法で文章2の全文をベクトルで表すと、以下のようになります。

今日 は 晴れ だ が 明日 は 雨 だ 。

	0	1	2	3	4	5	6	7	8	9
今日	1	0	0	0	0	0	0	0	0	0
は	0	1	0	0	0	0	0	0	0	0
晴れ	0	0	0	0	0	0	1	0	0	0
だ	0	0	0	0	1	0	0	0	0	0
が	0	0	0	0	0	0	0	1	0	0
明日	0	0	0	0	0	0	0	0	1	0
は	0	1	0	0	0	0	0	0	0	0
雨	0	0	0	0	0	0	0	0	0	1
だ	0	0	0	0	1	0	0	0	0	0
。	0	0	0	0	0	1	0	0	0	0

図 2.2 BOWによる文章表現

文章をベクトル情報のみで表すことができました。しかし、このアプローチでは、扱う単語が増えるにつれて、リストの長さが膨大になってしまいます。その対策として、単語の分散表現というアイディアを実現する「Word2vec」[3]という技術を紹介します。

BoWでは、単語を表す値自体には意味がありませんでした。Word2vecでは、単語の意味を

3 ここではイメージ及び簡単な使い方の説明にとどめ、より詳細な説明や応用的な利用法の紹介、BERTとの比較を5章で改めて行います。

踏まえたベクトル表現になっていて、単語間の類似度算出や単語同士の演算を行うことができます。以降、Word2vec での単語を表すときは「vector (" ○○ ")」と表します。

Word2vec が意味を捉えていることを示す有名な具体例[4]として、以下の演算があります。

vector("king") - vector("Man") + vector("Woman") ≒ vector("Queen")

上記の演算式を言葉で示すと、「王から男性要素を引いて女性要素を足すと女王になる」という意味になります。これは人間の感覚に近い結果と言えます。

それでは実際に、日本語の Word2vec を利用してみます。Word2vec は、自分で大規模なテキストデータを集めて作成することもできますが、今回は既に学習済みのモデル[5]を利用します。

リスト 2.3：Word2vec の利用準備

```
# 2.2.1 Word2vec

# Word2vecモデルのダウンロード
!wget  https://github.com/singletongue/WikiEntVec/releases/↩
download/20190520/jawiki.entity_vectors.100d.txt.bz2
# Word2vecモデルの解凍
!bunzip2 jawiki.entity_vectors.100d.txt.bz2
# Word2vecモデルの内容確認
!more jawiki.entity_vectors.100d.txt
```

```
760421 100
日本 0.4520714 -0.19837324 -0.0015788715 -0.48525184 0.12867138↩
-0.40463993 -0.1
9930173 0.14862037 0.09306887 -0.4320028 0.11725942 -0.35307536↩
-0.1727769 0.428
```

以上でモデルのダウンロードを行い、内容確認を行いました。「日本」という単語が Word2vec では数字データのベクトル（今回は 100 次元）で表されていることを確認できます。

引き続き、Word2vec を利用してみます。

---

4 T. Mikolov, W.T. Yih, G. Zweig. Linguistic Regularities in Continuous Space Word Representa-tions. NAACL HLT 2013. より例示

5 東北大学乾研究室日本語 Wikipedia エンティティベクトルを利用させていただいています。
http://www.cl.ecei.tohoku.ac.jp/~m-suzuki/jawiki_vector/

リスト2.4：Word2vecの利用

```
from gensim.models import KeyedVectors
model_dir = 'jawiki.entity_vectors.100d.txt'
mod-el = KeyedVectors.load_Word2vec_format(model_dir, binary=False)
similar_words = model.most_similar('書籍')
for words in similar_words:
    print(str(words[0])+ " : " + str(words[1]))
```

```
出版 : 0.8862687349319458
出版物 : 0.8345963358879089
新刊 : 0.8311768770217896
雑誌 : 0.817315399646759
洋書 : 0.8087277412414551
出版社 : 0.8023096323013306
分野別図書目録 : 0.7940995097160339
定期刊行物 : 0.784931480884552
学術書 : 0.7802145481109619
本 : 0.7740463614463806
```

上記の例では、「書籍」という単語に近い意味の単語を、類似度の高い順に列挙しています。出版、出版物、新刊…という具合に、かなり書籍に近い意味の単語が並んでいるようです。

Word2vecを用いた単語の類似度も見てみます。

リスト2.5：Word2vecを用いた単語の類似度算出

```
similarity1 = model.similarity("英語","日本語")
print('類似度1：' + str(similarity1))
similarity2 = model.similarity("英語","犬")
print('類似度2：' + str(similarity2))
```

```
類似度1：0.6530423
類似度2：0.21262255
```

この事例では、「英語」と「日本語」、「英語」と「犬」、それぞれの単語の類似度を確認しました。同じ言語カテゴリである「英語」と「日本語」の方が、「英語」と「犬」の類似度よりも高いことが見て取れます。

以上のように単語を Word2vcc で表すと、単語の「意味」を捉えることができ、個々の単語の意味の違いはもちろん、同義語は似た意味を持ち、反義語は離れた意味を持つ言葉同士として処理することができます。

また、文章を処理する際にも、例えば、出現する単語の Word2vec の平均値を表すことで、意味を踏まえた数値の集合の形で、文章を捉えることができます。BoW におけるリストが膨大になるという課題に対しても、指定の次元数（一般的に 100 から 300 次元が用いられます）で単語を表現でき、解決しています。

その一方、Word2vec には、以下の 2 文は同等の値になってしまうという課題も残っています。

- **今日は晴れだが明日は雨だ。**
- **今日は雨だが明日は晴れだ。**

これに対しては、単語の並びを踏まえた処理を行う必要があります。次の項では、その対応技術となる Recurrent Neural Network を紹介します。

2.2.2 Recurrent Neural Network

Word2vec では文章を扱う際に、単語の並びの情報が欠落してしまいました。これに対する解決策の一つが Recurrent Neural Network（RNN）：再帰型ニューラルネットワークという構造です。RNN は気温の遷移や株価など、時系列データに対して有効だといわれています。文章も単語が順に並んでいるという意味で時系列データとみなすことができます。

RNN のアイディアは以下のような図で表すことができます。

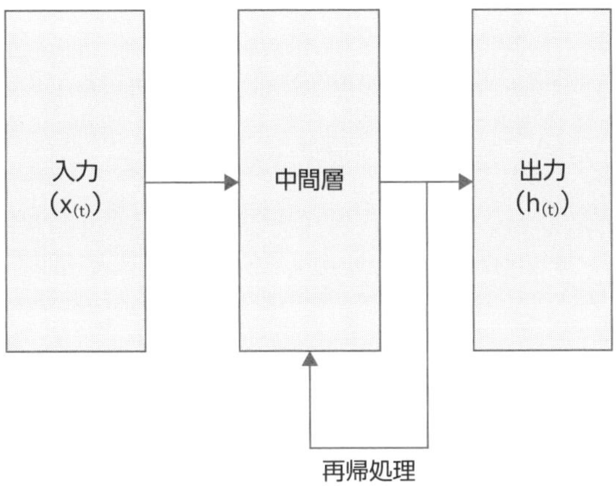

図 2.3　RNN のアイディア

図中の中間層がRNNに該当する部分です。この図のように、入力を受け入れた中間層からの出力が、再度自分の入力になるような構造になっています。自然言語処理へ応用すると以下のような処理となります。

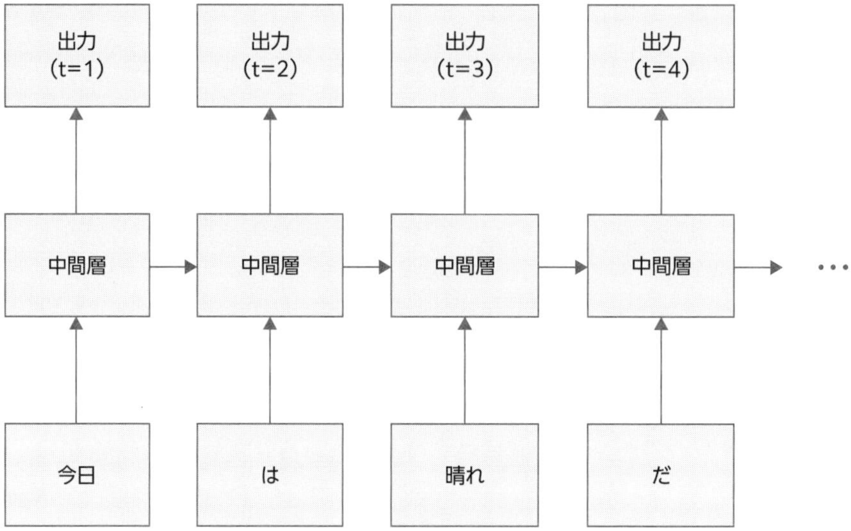

図 2.4　RNNの自然言語処理への応用

このように単語が入力されるたびにRNNは更新されていき、これにより入力される単語の順番を考慮した、つまり文脈を踏まえた処理が行えるようになります。また、入力される文章がいくつの単語で構成されるかに依存せずに処理を行うことができる点（可変長対応）も利点です。

その一方、「RNNは単語の情報を忘れる」（文章の序盤で入力された単語の影響が次第に少なくなる）とも言われています。その対策としてLSTM（Long Short Term Memory：長・短期記憶）という改善アイディアもあります。本節では割愛しますが、3章の3.1.2項で詳細を説明していますので、詳しく知りたい方は参照してください。

2.2.3 事前学習モデル

それでは本章の最後に、BERTも該当する事前学習モデルをご紹介します。

「事前学習モデル」とは、大規模なデータセットを用いて学習を行った結果得られる、学習済のモデルのことを指します。近年、AIの学習には高スペックな環境が必要となっており、一般家庭のマシンではとても処理しきれません。また、学習を行わせるときにすべての人が毎度、大規模なデータで同じような学習を行うことは非効率的です。そこで、一度大規模なデータでモデルを学習し、そのモデルの学習結果を再利用することで、少ない追加学習で特定のタスクの精度を高めるという手法が主流になりつつあります。

言語処理においては、巨大なテキストデータ（コーパスと呼ばれます）を用いて、言語の汎用的な特徴をあらかじめ学習させておきます。そして、その学習済モデルに対して、翻訳や文書分類など特定の目的に特化した「ファインチューニング[6]」を施すことで推論モデルを構築するアプローチが考案され、これが高精度を達成しやすいとされています。

さらに、この事前学習モデルが、近年無料で公開されるケースが増えてきました。これにより、高性能なAIモデルを構築するハードルがぐっと下がり、そのモデルを用いた研究の発展を加速させています。次章から説明するBERTは、まさにそのような自然言語処理の事前学習モデルの一つなのです。

6 ファインチューニングはデータに正解を付与する必要もあって、一般的に事前学習よりも大幅に小規模なデータで学習されます。

第3章

BERTの技術解説

本章ではBERTの構成要素であるAttentionとTransformerを解説した後、BERTの技術を解説します。本書では初学者でも仕組みについてイメージを持ってもらえるように、数式によらず概念図を用いて説明していきます。

3.1 Attention

本節では、BERTの基礎となったAttentionという技術について解説していきます。前半の3.1.1項と3.1.2項では、「Attentionとは何か」、そして「Attentionの何がすごいのか」を解説します。初学者の方も仕組みの概要を理解するために、ここまでは読んでください。後半の3.1.3項と3.1.4項は、Attentionの仕組みの詳細とパフォーマンスについて理解したい読者向けになりますので、初学者は読み飛ばしても構いません。

3.1.1 Attentionとは何か?

BERTを構成する重要な技術にTransformerがあり、そのTransformerを実現するための基礎となった技術がAttentionです。ですからAttentionの仕組みを学ぶことは、その発展形であるTransformer、そしてBERTの仕組みを理解するための重要な基礎となります。

Attentionは「注意機構」と翻訳されます。ひと言でいえば、「深層学習モデルに入力されたデータのどの部分に注目するかを学習し、利用する仕組み」のことです。Attentionという言葉の意味は、この「どの部分に注意を向けるか」という「注意の仕組み」を指しています。その仕組みについて、まずは簡単にイメージを掴んでいきましょう。

Attentionは画像処理にも用いられますが、NLPの分野では、機械翻訳の性能向上のために2014年にBahdanauらによって提案された代表的な手法です。

Attentionを用いた機械翻訳のイメージを図3.1に示します。例えば英語を翻訳していく場合、入力となる英語の文をもとに、1語ずつ日本語の単語を生成していきます。この文では、まず「The」に注目して「その」を生成し、次に「agreement」「was」に注目して「協定」「は」を生成し、文末の「yesterday」に注目して「昨日」を生成し、最後に「was」と「signed」という2語に注目して「署名されました」という日本語を生成します。

誤解を避けるために補足しておきますが、実際にはこのように入力単語と出力単語の直接的な対応関係をとって変換しているわけではありません。実際には文全体の意味や、それまでに生成した単語を考慮して、次の単語を生成していくのですが、このときに「併せて、入力元の単語を

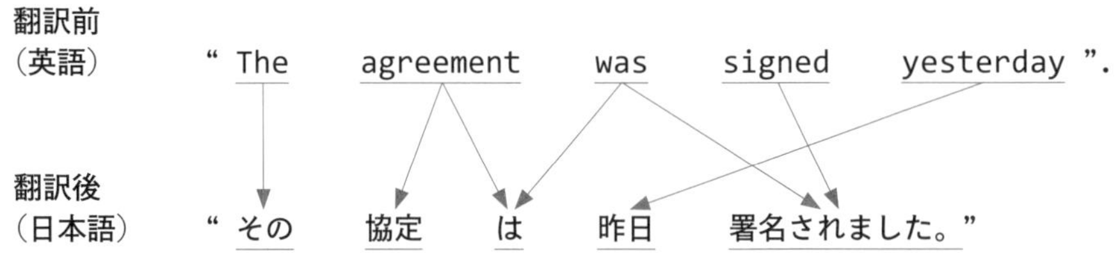

図3.1　Attentionを利用した機械翻訳のイメージ

手がかりとして利用している」と捉えてください。このように、入力のどこか特定の部分に注目する仕組みがAttentionです。

3.1.2 Attentionの何がすごいのか?

Attentionは、入力を出力に変換していくときに、「入力のどこか特定の部分に注目して考慮する仕組みである」ということがわかりました。それでは次に、この仕組みのどのような点が画期的で、そしてどのような問題を解決できたのかを見ていきたいと思います。

結論を先に言いましょう。従来の仕組みでは、(例えば翻訳などのタスクで)文を変換するときに、入力元の文に含まれる単語全てをまとめた1つの文ベクトルとして表現し、その固定的な1つの文ベクトルをもとに単語を生成していました。Attentionが画期的だったのは、文全体の意味に加えて、単語を1語1語出力する際に毎回、対応する入力元の単語を逐次的に考慮しながら翻訳するところです。そしてポイントは、注目度も含めて深層学習の誤差逆伝播によって学習できるところにあります。

それによって何が嬉しいのかというと、精度が向上し、また入力文が長い場合であっても各単語の意味を考慮し、うまく扱えるようになったことです。

従来の方法とAttentionを比較しながら、詳しく見ていきたいと思います。ここでは理解しやすいように、まずは概念図で要点を示してから、モデル図を用いて数値的な処理のイメージを掴んでいきたいと思います。

●従来手法Seq2Seqの問題点

従来の方法の概念的なイメージは、入力文を最後まですべて聞いてから、その文全体の理解を覚えておいて、そこから1語1語を出力していくといった感じです。

このモデルの仕組み上の問題は、文の全体の理解を、1つの固定長のベクトルとして表現していることにあります。すべての単語の意味が、1つの文ベクトルに圧縮されて取り込まれているイメージです。そのため、入力される単語の数が増え、長文になるほど、1つの固定長の文ベクトルでは文の意味を表現しきれないという問題が起こり、翻訳精度が劣化していくことがわかっています。

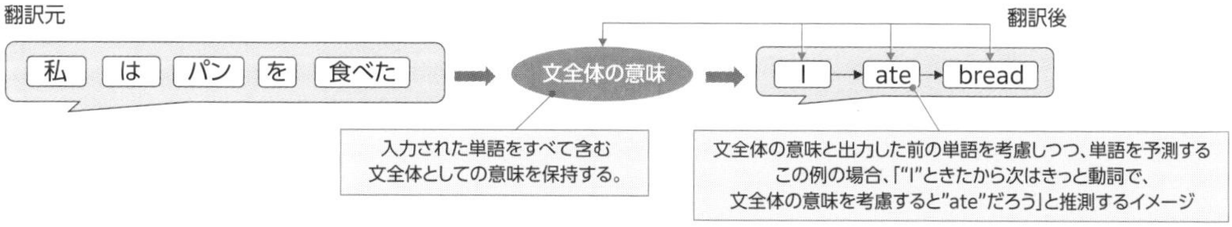

図3.2 Seq2Seqの概念図

モデル図を用いて、もう少し詳細に説明しましょう。Attention 以前の仕組みは「Seq2Seq」と呼ばれ、Encoder-Decoder モデルの一種でした。Encoder-Decoder モデルでは、前半の Encoder 部分でまず単語列などの情報をエンコーディング（符号化）し、後半の Decoder 部分で、情報のデコーディング（復号化）を行います。

Seq2Seq モデルにおけるエンコーディングは、LSTM（Long Short Term Memory）という計算ユニットを連結して行われます。LSTM ユニットが行う演算の詳細は割愛しますが、単語をベクトルとして読み込み、入力ベクトルに対して、重み行列、バイアス項、活性化関数等を用いた非線形変換を逐次的に行っていきます。

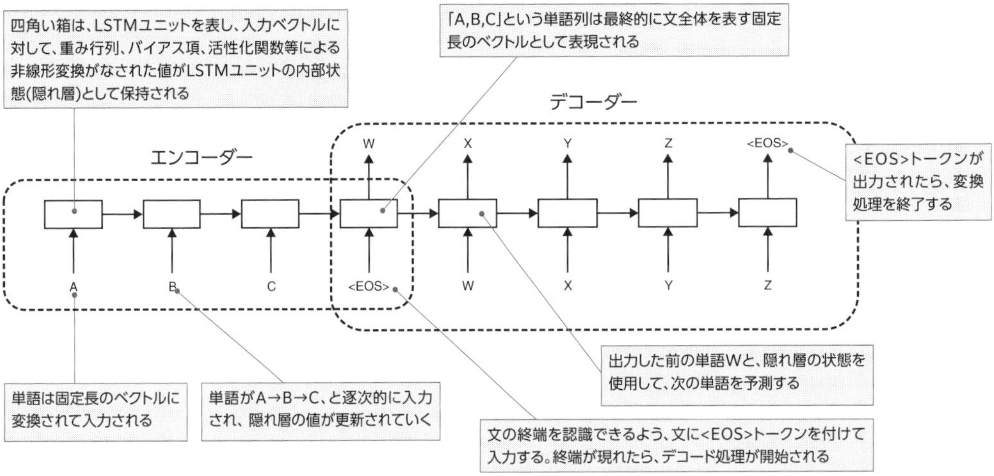

図 3.3　Seq2Seq のモデル解説

図 3.3 において、A、B、C は変換元の単語列を表し、W、X、Y、Z は変換後の単語を表し、<EOS> は End Of Sequence の略であり文の終端を表す記号です。エンコーダー部分では、単語 A、B、C を順次モデルに入力し、<EOS> トークンが入力されると、文全体の最終的な文ベクトルが作られます。デコーダー部分では、この「A、B、C」全体を表す文ベクトルをもとに、最初の単語の W を生成し、次に W をもとに X を生成し、というように出力を順次生成していきます。

このモデルには問題がありました。LSTM はシンプルな RNN（2 章 2.2.2 参照）に比べて長い文を扱うことができますが、それでも、文が長くなると翻訳精度が劣化していってしまいます。RNN ではうまく扱える単語数は 10 単語程度と知られており、それ以上の単語数になると、学習において勾配消失または勾配爆発といった問題が発生し、学習がうまくできません。この問題に対処するために LSTM が考案されましたが、依然として問題を抱えていました。Bahdanau らの論文における実験によると、LSTM は約 20 語以上となると翻訳精度が劣化していくことが観察されています。

この精度劣化の原因はモデルの仕組みにあり、それは文の全体の理解を1つの固定長のベクトルとして表現していることにあります。図では「A、B、C」という単語ベクトルが最終的に1つの固定長の文ベクトルとして表され、この文ベクトルに基づき、翻訳後の単語を生成していきます。このとき、入力される単語の数が増えて長文になるほど、1つの固定長の文ベクトルでは文の意味を表現しきれないという問題が起こり、精度劣化につながるのです。

これらの問題を解決する方法として、Bi-LSTMが考案されました。これは2つのLSTMを逆方向に実行し、連結したベクトルを得る手法です。一定の効果はありますが、本質的な解決にはならず、Attentionの登場を待つ必要がありました。

● Attentionの概要

Attentionではこの問題を解決するために、文を変換するときに、文全体の理解に加えて、1語1語出力する時点で、入力のどの単語に注目するかを考慮しながら変換作業を行います。聞いた言葉を一度メモに取って、入力単語の1語1語の関係性を考慮しながら、出力する単語を考えていくイメージが近いと言えます。この仕組みが画期的でした。1語1語に注目すると、入力単語と出力単語の関係性を学習によって事前に知ることができているので、単語を予測する際の手掛かりやヒントがより多く得られ、より正しい予測ができるようになるのです。

そして、従来のSeq2Seqにおいて文が長くなると単語の意味を覚えきれなくなってしまうという長期記憶の問題を、Attentionによって補完できるようになりました。出力単語を1語1語予測する際に、遠い所にある単語も含め、文に含まれるすべての単語を考慮に入れて予測できるようになったからです。

それでは、このAttentionを用いた翻訳モデルの仕組みを詳しく説明していきます。

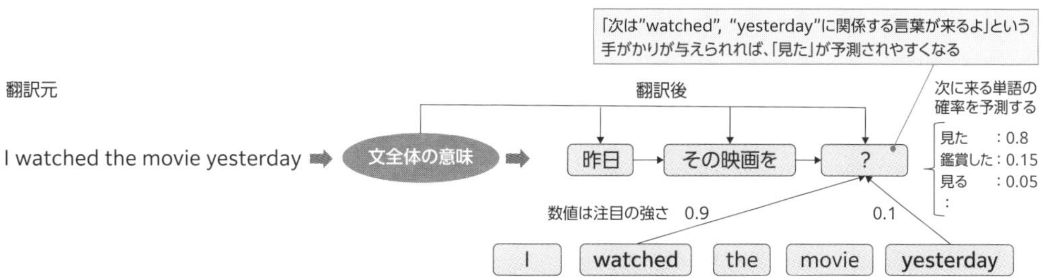

図 3.4　Attentionの概念図

図3.4は、Attentionの概念図です。この翻訳モデルは、1語1語単語を生成していきますが、ここでいう生成とは「次にどんな単語が来るか」の確率を計算することです。

この翻訳モデルの学習時の動作を簡単に説明します。学習データとして、例えば「彼は昨日家で映画を見た」と「He watched a movie at home yesterday」というような文のペアが大量に与えられます。その結果モデルは、「彼は映画を」という単語の流れの次には、「watched」や「yesterday」という入力が強く関係し、その結果「見た」という単語が生成される可能性が高い、という関係性を学習します。

続いて、入力文を翻訳するときのモデルの動きを説明します。このモデルは単語を生成するたびに、関連性の高い入力文の単語を検索します。その後、モデルはこの関連性の高い入力文の単語と、以前に生成されたすべての単語に基づいて、次に生成する単語の確率を計算します。

図 3.4 の例は予測時において、「昨日その映画を」まで生成した後に、次の単語を予測する場面を表しています。このときモデルは、学習データによって訓練されているので「次の単語は『watched』と『yesterday』に関係していて、そして『見た』という言葉が高い確率で来る」ということを知っています。単語を予測する際の手がかりとなる文脈情報（コンテキスト）として、「watched」や「yesterday」が与えられるので、より正しく「見た」を選びやすくなるのです。

重要な点は、ある単語を翻訳して別の単語に変換しようとするときに、対応関係を考慮する＝「注意する」単語が複数あるところです。単語と単語を 1 対 1 に対応付けることを「ハードアライメント」と言い、複数の単語に対応付けることを「ソフトアライメント」と言います。アライメントとは「対応付け」のことです。1 対 1 の固定した対応付けではなく、複数の対象との柔軟な対応付けを行うのがソフトアライメントです。Attention はソフトアライメントを採ります。

それでは、このように単語と単語の間の柔軟な対応付けを学習させると何がよいのか、そのメリットを直観的に説明します。ここでは英語からフランス語への翻訳例として、[the man] を [l' homme] に変換する場合を考えてみましょう。

図 3.5　ソフトアライメントの概念図

英語の [the] だけを見た場合、[the] に対応するフランス語は、後続する単語によって [la] [le] [les] [l'] と複数の可能性があります。 ソフトアラインメントでは、[the] だけを見るのではなく、[the] と [man] の両方を見た上で、正しく [l'] を出力します。

このように、Attention を使った翻訳モデルは、ある出力単語を生成する際に、元の文の「全体の意味」を考慮するだけでなく、それまでの出力の生成状態に応じて、「次はこの複数の単語に注目する」という情報を考慮して、それを手がかりにして予測を行います。こうしたことから、なんとなく柔軟で良さそうだという理解が得られるのではないかと思います。

3.1.3 Attentionの仕組み

● Attention モデルの肝

Attentionの肝になっている部分を説明します。数式は極力使わず説明します。従来手法のSeq2Seqでは、エンコーダーは文全体を最終的に1つの固定長ベクトルに詰め込んで表現するので、文が長くなると意味を伝えるのが難しくなるという問題がありました。そこで、デコーダーにおいて、入力系列の情報を直接参照できるようにしたのがAttentionです。図3.6はその仕組みを表しています。

Attentionモデルの肝は、単語への注目度合いを表す「アテンション重みa」と、それらの重みを入力単語ベクトルに掛けて足し合わせて得られる「コンテキストベクトル」をデコード処理に用いている点です。

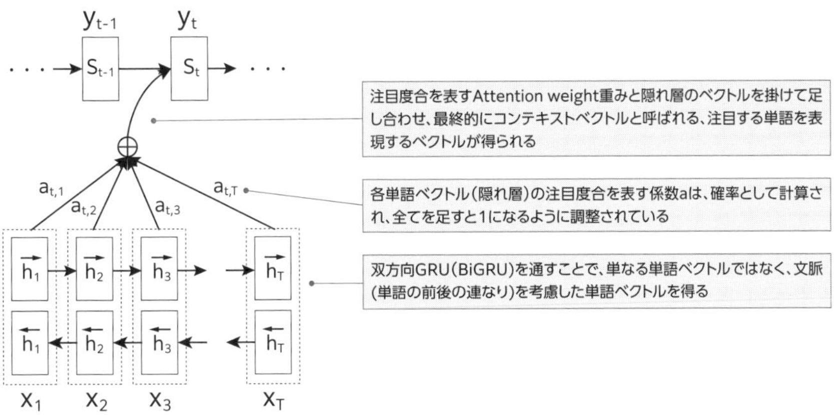

図3.6　Attentionを用いたデコーダーの仕組み

● Attention weight の計算方法

次に、単語ベクトルへの着目度合いを表す「a」を算出するための方法を説明します。ここは、Attentionにおいて本質的に重要な部分です。

Attentionの計算方法は大きく分けて2つあります。ひとつは加法注意（Additive Attention）であり、注意の重みを隠れ層1つのシンプルなフィードフォワードネットワークで求めます。もうひとつは内積注意（Dot-Product Attention, Multiplicative Attention）で、注意の重みを内積で求めます。一般に内積注意の方が、パラメーターが必要なく（ゆえにメモリ効率もよく）高速だと言われています。後述するTransformerはこちらを使っています。本節で紹介している2014年のBahdanauらの論文では、加法注意を用いているため、本節では加法注意の仕組みを説明します。

下の図3.7を参照してください。「s」はこれまでの単語の出力状態を表します。そのsに対して、入力される単語ベクトルh_jが関係しているかどうか、その関係性をシンプルなニューラルネットを用いて学習させます。つまり、出力状態と、入力される単語の関係性が学習されるわけです。これにより、ある単語の出力時には、それまでの出力状態に応じて、どの単語の関係を考慮すべきか、すなわち注目度合いを表す数値eを得ることができます。このeを各単語ベクトルについて算出し、合計が1になるように確率値に変換した値がaとなります。

この仕組みのすごいところは、係数eを計算するために使用されるネットワーク自体が誤差逆伝播によって学習できるところにあります。

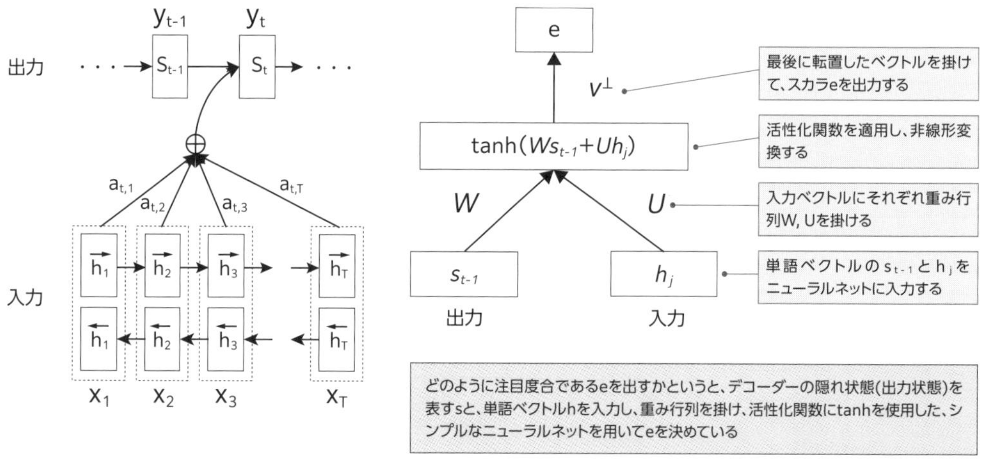

図3.7　Attention weight算出の仕組み

● Attention weightの可視化

Attentionの仕組みの最後として、学習済みのモデルを使用して実際に翻訳を行う際に、モデルがどの単語に注意を向けているかを確認する方法について説明します。論文ではAttention weightを以下のように可視化して、Attentionの仕組みがうまく機能していることを確認しています。

図3.8の白い部分がAttention weightの大きなところです。特に注目したいポイントとして、英語の「European Economic Area」と、フランス語の「zone économique européen」の対応関係を見てください。英語とフランス語の語順は似ているため、単語の対応関係は順次1対1に対応していきますが、形容詞と名詞の順番が逆になります。モデルのAttention weightを見ると、この一部の順序が異なるという対応関係を正しく学習できていることがわかります。

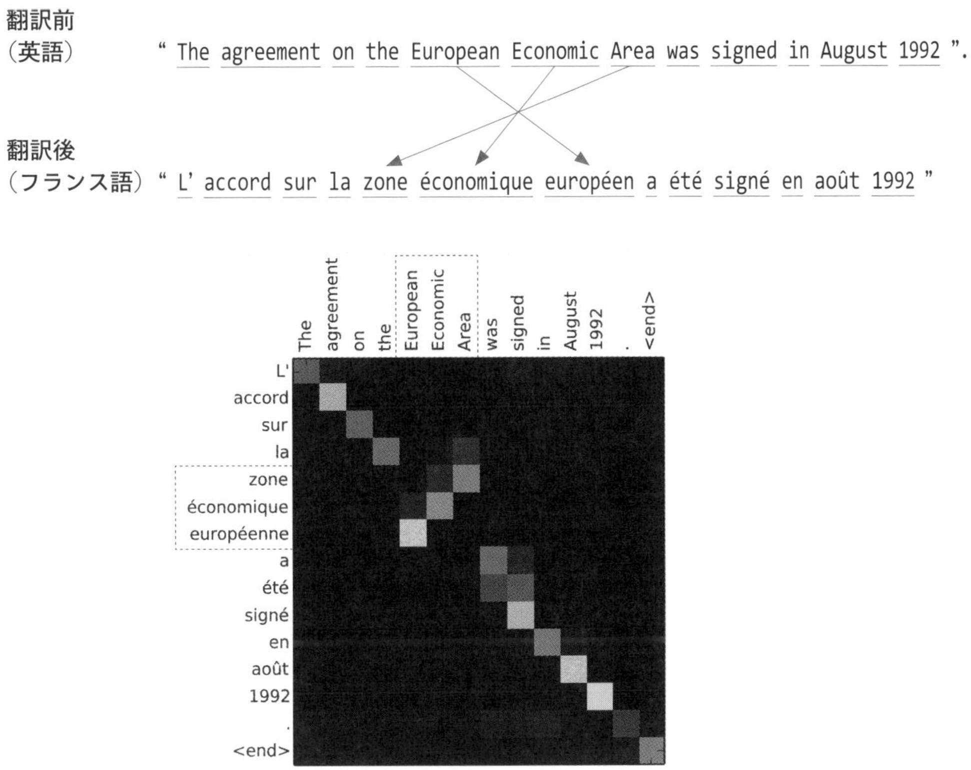

図 3.8 Attention weight の可視化

3.1.4 Attentionのパフォーマンス

Attention のメリットは、基本的に精度がよいという点と、入力が長くなった場合の精度劣化が抑えられるという点にあります。それでは、具体的にどのくらいの効果が得られるのか、論文の実験結果から見ていきましょう。

下の表 3.1 は、Bahdanau らによる実験結果の抜粋であり、学習済みモデルを用いてテストデータを翻訳したときの BLEU スコアを示しています。BLEU スコアとは、機械翻訳タスクにおける一般的な評価指標であり、機械が翻訳した文がどのくらい人間が翻訳した文に似ているかを測定

表 3.1 翻訳性能を表す BLEU スコアの比較

手 法	すべての文を対象にテストしたときのスコア	学習時に使用した単語のみが含まれている文を対象にテストしたときのスコア
従来のニューラル手法 Seq2Seq	17.82	26.71
従来の統計手法 Moses	33.3	35.63
Attention	**28.45**	**36.15**

したものです。Attentionの比較対象となるのは、ニューラルベースの従来手法であるSeq2Seqモデルと、従来からの統計的機械翻訳手法であるMosesです。

表3.1では、Seq2Seqと比較した全ての場合においてAttentionの精度が上回っています。また、全ての文をテスト対象としたときのスコアは、Mosesの方が優位です。しかし、学習時に使用した単語のみを含む文をテスト対象とした場合、すなわちテストデータに未知の語がない場合には、AttentionがMosesを上回る最良の精度を得ています。

次に、入力する文が長い場合にも、Attentionなら精度が劣化しないことを検証した結果を見ていきます。図3.9は、入力する文の長さを変えたときの精度の変化を表しています。50語の入力文で学習したモデルでは、長文になっても精度劣化が抑えられています。

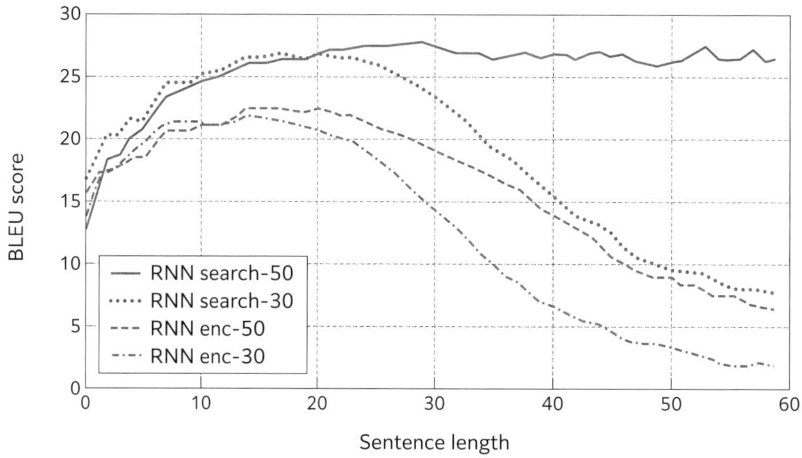

図3.9 入力文の長さと翻訳性能の関係

3.2 Transformer

本節では、BERTの構成技術であるTransformerについて解説していきます。前半の3.2.1項と3.2.2項では、「Transformerとは何か」、そして「Transformerの何がすごいのか」を解説します。初学者の方も仕組みの概要を理解するために、ここまでは読んでください。後半の3.2.3項と3.2.4項は、Transformerの仕組みの詳細とパフォーマンスについて理解したい読者向けになりますので、初学者は読み飛ばしても構いません。

3.2.1 Transformerとは何か?

Transformerの登場は、自然言語処理における深層学習のアプローチに大きなブレイクスルーをもたらし、その後の自然言語処理の世界を塗り変えてしまいました。BERT、GPT-3、T5といった今日の汎用大規模言語モデルには、Transformerが中核的な構成要素として用いられています。また、自然言語処理だけでなくコンピュータビジョンの分野にも応用され、Vision TransformerやDALL-Eといったモデルが最高水準を更新しました。

Transformerとは何かを一言でいうと、「高度化されたAttentionの仕組みだけを用いて、高精度かつ大規模並列化を実現したニューラルネットワークアーキテクチャ」です。

Transformerは2017年にGoogleとトロント大学の研究者によって開発され、「Attention is All You Need」というタイトルの論文で発表されました。「必要なものはAttentionだけ」というこのタイトルは、提案手法がまさにAttentionだけを用いたニューラルネットワークであり、その他のニューラルネットワークアーキテクチャであるRNN(再帰)やCNN(畳み込み)の仕組みを完全に排除していることを意味しています。

前節(3.1)で紹介したAttentionは、SeqSeqの仕組みを補うものとして位置づけられていました。SeqSeqは、連結されたLSTMやGRUブロックからなるRNN構造をとっており、そこにこのモデルの根本的な課題がありました。RNN構造をとっているため、1つの単語を入力したら、その処理結果を待ってから次の単語を入力する必要があり、並列化計算が難しいのです。

一方、Transformerでは、一度に複数の単語を入力として与えることができるので、非常に効率的に並列化することができます。並列化が可能になると、学習にかかる時間が大幅に短縮されるため、大規模なデータセットを与えても現実的な時間で学習でき、非常に大きなモデルを訓練することができます。そうして生まれたのが、BERTやGPT-3(Generative Pre-trained Transformer 3)のような大規模言語モデルです。GPT-3は、約45テラバイトのテキストデータという巨大な学習データによって訓練されています。

Transformerのもうひとつ優れた点は、Attentionと同じく元々は機械翻訳タスク向けのモデルとして登場しましたが、どのようなタスクにも応用ができるという点です。本書のテーマであり次節（3.3）で紹介するBERTは、Transformerのエンコーダー部分を使っており、少しの修正を加えるだけで様々なタスクで利用可能です。

3.2.2 Transformerの何がすごいのか?

ここまで概要として、Transformerとは「高度化されたAttentionの仕組みだけを用いて、高精度かつ大規模並列化を実現したニューラルネットワークアーキテクチャ」であり、それによって、「高精度かつ大規模並列化が可能になった」と述べました。ここでは「高度化されたAttentionの仕組み」について、もう一歩踏み込んで、具体的にTransformerのどのようなAttentionの仕組みがすごいのか、説明していきます。

結論を先に言いましょう。Transformerのすごいところは「3種類のAttentionの仕組みによって、これまでになく表現力の高い文ベクトルを獲得し、また行列内積計算によって高速で省メモリ性に優れた計算ができるようになったこと」です。3つのAttentionの仕組みについて、それぞれ一言で説明しますので、まずは大まかなイメージを掴んでください。

●Transformerにおける3つのAttentionの仕組み

1. Self-Attention
   単一文（自分自身）に対してAttentionを適用し、表現力の高い文ベクトルを獲得する手法
2. Multi-Head Attention
   Self-Attentionにおいて、文の中の単語間の複数観点からの類似度を考慮することによって、表現力の高い文ベクトルを獲得する手法
3. Scaled Dot-Product Attention
   Self-Attentionにおいて、行列の内積を用いた高速性・省メモリ性に優れたAttentionの計算手法

Transformerの構成要素には、ほかにもPositional EncoderやSource-Target Attentionがありますが、本質的に重要なのは3つのAttentionの仕組みです。

3.2.3 Transformerの仕組み

● Transformer モデルの概要理解

それでは、Transformer のモデルを解説していきます。前節（3.1）の Attention に比べて複雑性が格段に増し、理解するのも難しくなっています。ここでは専門知識のない初学者も理解しやすいように、Self-Attention 等の個別の技術要素や数式から入らず、まずはざっくりと、どんなことをやっているのかからスタートし、段階的に詳細の理解へと話を進めます。

まずは、Transformer の論文（出典元 URL：https://arxiv.org/abs/1706.03762）で示された図から出発することにします。図 3.10 の（A）は Transformer 論文における図です。この図はかなり複雑に見え、抵抗感を感じる人も多いと思います。そこで、（A）の中の "Multi-Head Attention" や "Feed Forward" などの要素の理解はひとまず置いておき、この図を（B）のように、おおまかに 3 つのブロックに分割します。

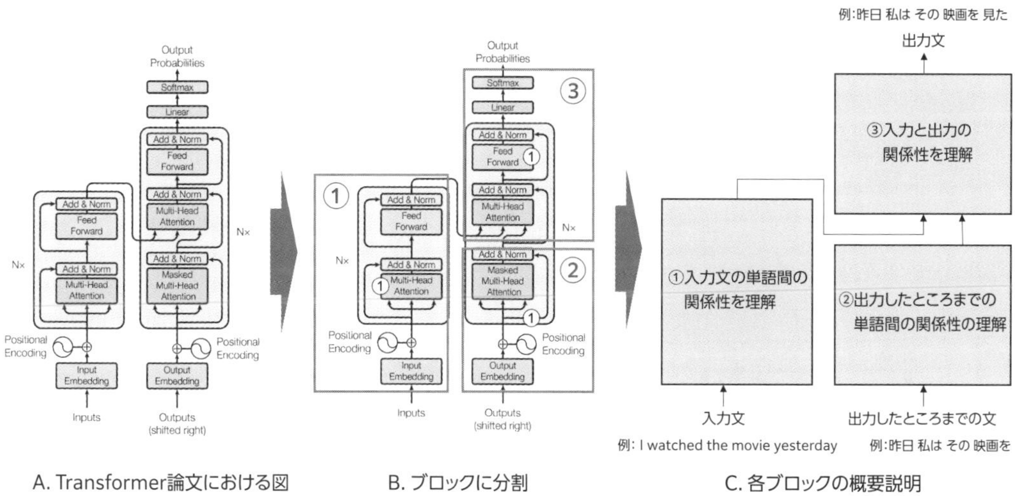

図 3.10　Transformer における各ブロックの概要

右側の（C）は、各ブロックの役割を一言に要約したものです。それでは全体像を理解していきましょう。

図中①のブロックは入力を処理する部分であり、「エンコーダー」と呼ばれます。ざっくり言うと、入力文に含まれる単語間の関係性を理解して、より表現力の高いベクトルに変換しています。

図中の②は、出力された途中までの文を入力として受け取り、①と同様に単語間の関係性を理解した上で、表現力の高いベクトルへと変換します。

③のブロックは①の結果と②の結果を使って、両者の関係性を考慮した上で、次の単語を出力します。

● Transformerモデルの各ブロックの詳細理解

次に、①②③の各ブロックがそれぞれ何をやっているか、もう一段階、詳細な図を用いて説明していきます。図3.11はTransformerの概念図です。

図中の①では、入力文の各単語に対し、文中に含まれる他の単語との関係性を考慮した形でベクトル変換がなされます。具体的には、入力された自分自身の文に対して3種類のAttentionを適用し、文の中の単語間の関係性を考慮した上で、入力文を表現力の高いベクトルに変換しています。図の例では「I watched the movie yesterday」という文を入力とし、各単語間の意味を考慮して、それぞれの単語ベクトルが、より表現力の高いベクトルに変換されます。この「各単語間の意味を考慮する」とは、具体的には、ある単語を、文の中の他の単語の重み付き加重平均で表現する手法を指します。

図中の②のブロックでは、出力された途中までの文を入力として受け取ります。図の例は、既に「昨日 私は　その　映画を」まで翻訳された結果が出力されている場面を表しており、この出力結果を②のブロックに入力しています。そしてこのブロックの中では、①と同様に単語間の関係性を理解した上で、3種類のAttentionを用いて、表現力の高いベクトルへと変換しています。

図中の③のブロックは、①と②の結果を使って、次の単語の出力を行っています。ここでは入力と、出力された文との関係性に基づいて、次の単語を予測しています。図の例では、「I watched the movie yesterday」という入力が変換された結果と、「昨日 私は　その　映画を」という途中までの出力結果が変換された結果との両方を入力として、「昨日 私は　その　映画を見た」という文を出力しています。

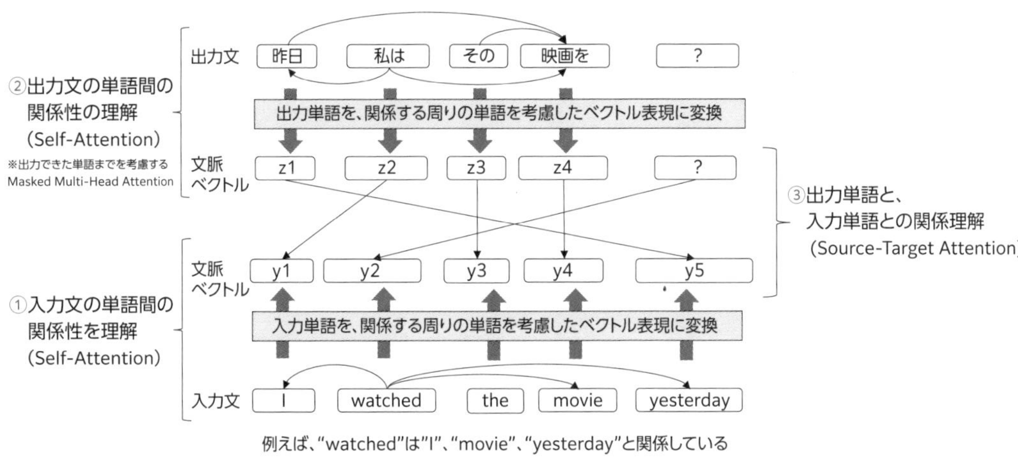

図3.11　Transformerの概念図

●エンコーダー部分の処理の説明

Transformerモデルの仕組みについて、大きく①②③のブロックを分割して説明しましたが、①のブロックの処理を理解することがTransformerにおいて最も重要な部分と言ってよいでしょう。なぜなら、①の部分には本質的に重要な3つのAttentionの仕組みが詰まっているからです。このエンコーダー部分だけで、様々なタスクに使える汎用的なベクトル表現を得ることができます。それゆえに、BERT等の汎用大規模モデルを実現するキーパーツとなっているのです。

一方で、②の部分には、単語間の関係性を考慮に入れるときの単語の範囲などの違いはありますが、基本的には①と同じ仕組みが用いられています。③の部分には、Source-Targetアテンションと呼ばれる従来型のアプローチが用いられています。いずれも①に比べれば重要性が低いので、ここでは①のエンコーダーブロックについて詳細を説明していきます。

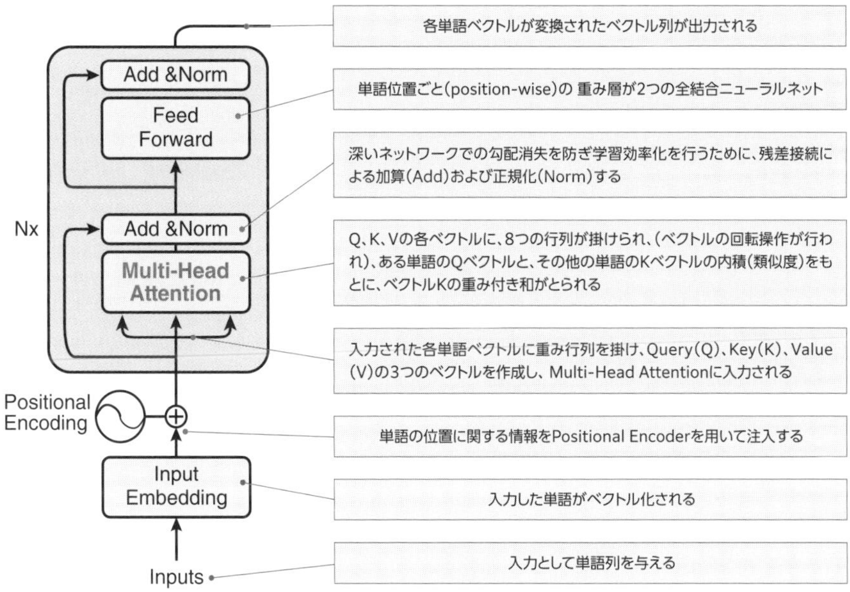

図3.12 Transformerのエンコーダー部分

図3.12はTransformerのエンコーダー部分の解説です。エンコーダーへの入力として単語列が与えられ、様々な操作を経て、最終的に単語ベクトルの列が出力として得られます。この出力には、入力文の単語について、文中のその他の単語との関係性が考慮されています。

この単語ベクトルの変換プロセスにおいて特に重要な部分は、図中「Multi-Head Attention」とだけ書かれた要素です。この部分には、Transformerの大きな特徴であるSelf-Attention、Multi-Head Attention、Scaled Dot-Product Attentionの3つのAttentionが関係しています。具体的にどのようなことが行われているかを次に説明します。

● Self-Attention

Self-Attentionは「自己注意機構」と訳され、入力された自分自身の文に対してAttentionを適用します。具体的には、文の中のある単語を、他の単語の重み付き加重平均で表現する手法です。

前項で紹介したAttentionは、翻訳前の文の単語と翻訳後の文の単語とを対応付ける「Source-Target 型」と言われるタイプのAttentionでした。一方、Self-Attentionを用いると、文のペアを用いなくても、単一文に対してAttentionを使用できます。これにより、翻訳等の系列変換タスクだけでなく、多くのタスクで利用可能な、汎用性と表現力の高いベクトルを得ることが可能になりました。

図3.13はSelf-Attentionの可視化イメージであり、同一の文に含まれる単語と単語の関係性を表しています。単語と単語を結ぶ線の色の濃さは、関係性の強さを表しています。ある単語は、他の1つや2つの単語だけでなく、多くの単語と関係性を持ちます。

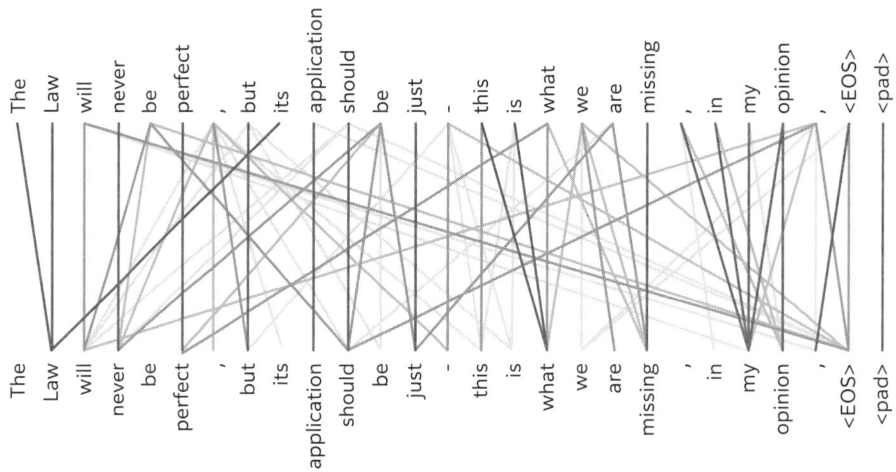

図3.13　Self-Attentionの可視化イメージ

次に、Self-Attentionが、ある単語について、文の中の他の単語にどのように注意を向けているか、イメージを掴みやすいように具体例を図で説明します。

図3.14は、文の中で「making」との関係性が高い単語を示しています。「more」と「difficult」への注目度が高いことから、「making … more difficult」というフレーズを作る一連の単語が関係していることがわかります。本書の印刷ではわかりづらいですが、色の違いは、後述するMulti-Head Attentionにおける異なるヘッドによる結果の違いを表しています。

また図3.15では「its」が「Law」を強く指し示しています。代名詞などの指示詞を用いて具体的な何かを指すことを「照応」と言いますが、この図ではSelf-Attentionが照応関係の解釈に関与していることを示しています。

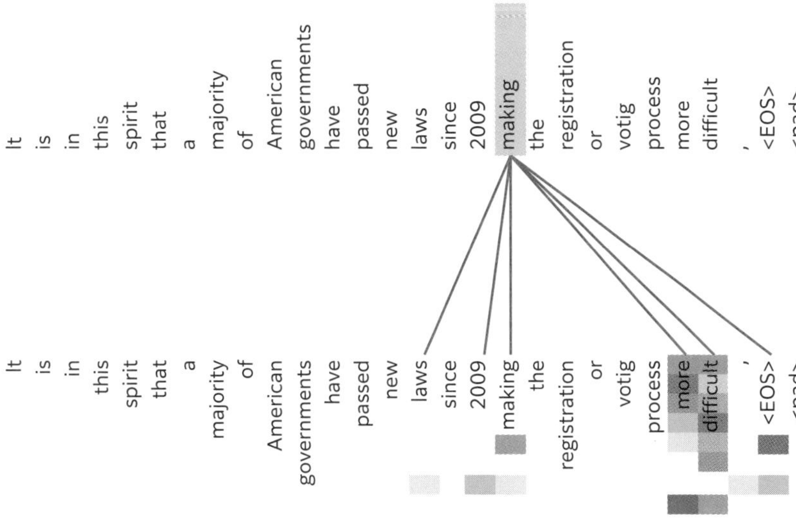

図 3.14　Self-Attention によるフレーズの理解

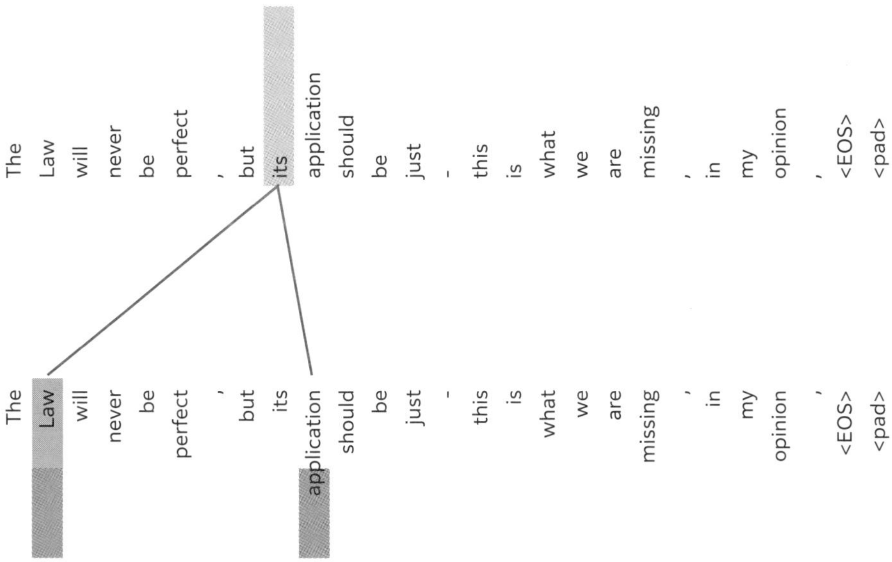

図 3.15　Self-Attention による照応関係の理解

● Scaled Dot-Product Attention

続いて、Self-Attention の考え方に基づき、自分自身に対して Attention を適用するための Scaled Dot-Product（スケール化内積注意）と呼ばれる計算方法を見ていきます。

比較のために、Seq2Seq における Attention である Additive Attention（加法注意）という仕組みをまずは見ていきます。図 3.16 は前項の Attention の図ですが、これは入力元（Source）で

ある h_j と、出力先（Target）である s_j の間の関係性の重みを示すので Source-Target Attention と呼ばれます。そして、$\tanh(Ws_{t-1}+Uh_{t-1})$ という数式からわかるように、入力元と出力元を「加算」したものに活性化関数を適用して、Attention weight を出力していることから、Additive Attention：加法注意と呼ばれます。

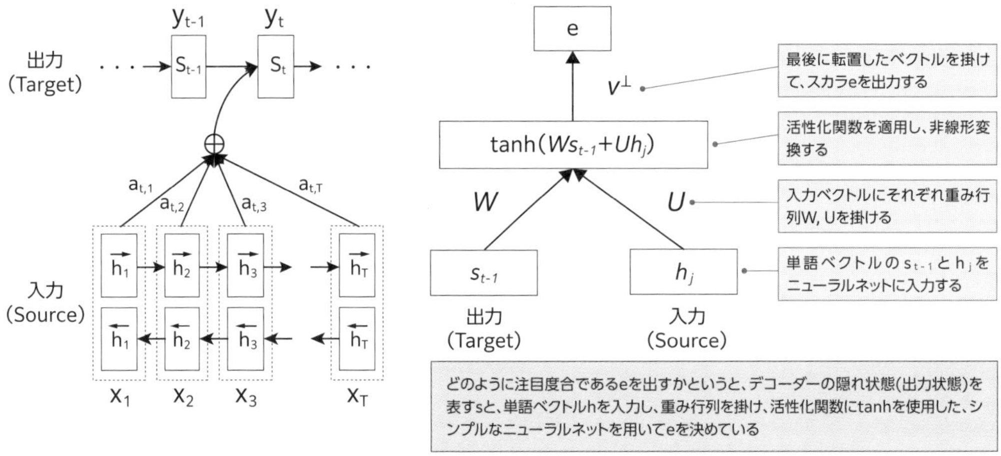

図 3.16　Source-Target Attention における、Additive Attention（加法注意）

次に、Transformer の Self-Attention で使用されている Scaled Dot-Product Attention を見ていきます。先程の Source-Target Attention は入力元と出力先のベクトルを直接使用していましたが、今度の Scaled Dot-Product Attention では、Query、Key、Value という 3 つの要素を用いた計算方法へと大きく変更されています。この 3 つをどのように用いているかを理解することが最も重要です。

その仕組みを図 3.17 に示します。この図は、文に n 個の単語 $input_1, input_2, \cdots, input_n$ が含まれているものとして、最初の単語の $input_1$ を対象にして、ベクトルの変換を行う場面を表しています。

最初のステップでは、入力ベクトルをもとに $query_1$、key_1、$value_1$ の 3 つのベクトルを作成します。これらは入力ベクトルに学習済みの 3 つの行列を乗算して作成されます。実際は Multi-Head Attention という仕組みによって、元のベクトルに複数の種類の行列が掛けられ、Q-K-V の組を複数セット作るのですが、ここでは理解を易しくするために、行列を 1 種類だけ用いる場合を説明します。

次のステップでは、$query_1$ と key_1 の内積（Dot-Product）を計算します。内積はベクトルの向きが似ているほど大きな値をとりますので、$query_1$ と key_1 の類似度を計算していると考えてよいでしょう。ここで、ベクトルの次元数が大きすぎると、内積の値が大きくなりすぎて、学習における逆伝播がうまくできなくなるという問題が発生します。そのため、深さの次元数の平方根

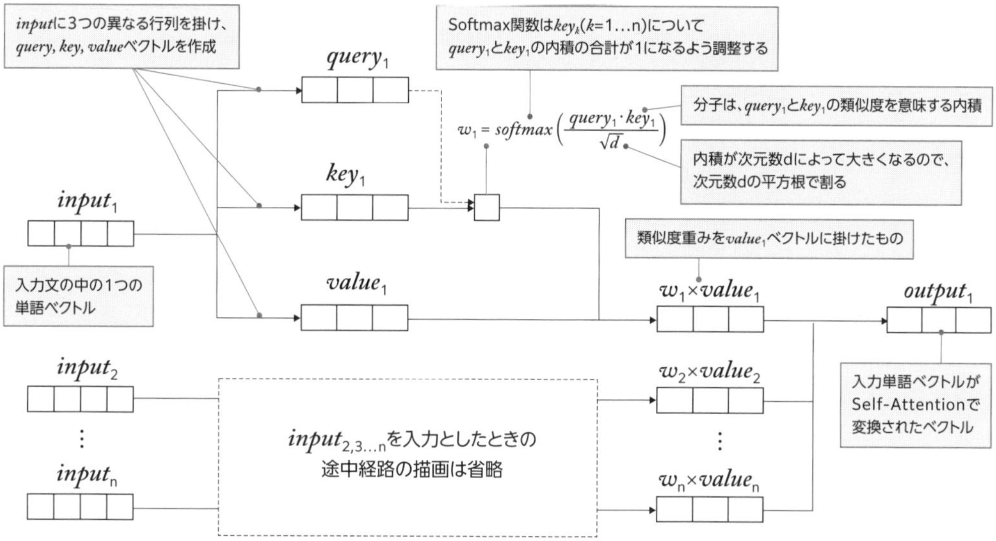

図 3.17　Self-Attention における、Scaled Dot-Product Attention

である$\sqrt{d}$で割ってスケーリングされます。これによって内積が大きくなりすぎるのを防ぎ、うまく逆伝播できるようになります。dの値が小さい場合は、加法注意と内積注意の2つのメカニズムが同様に機能しますが、dの値が大きい場合には、内積注意は加法注意よりも劣る結果を出すことがわかっています。

このような演算、即ち*query*と*key*の内積をとって次元数の平方根で割る演算を、key_1だけでなく、入力文に含まれるすべての単語に対して行い、$query_1$とkey_nの内積まで取得します。そしてこのn個の内積の値を合計して「1」になるように、softmax関数というものを適用します。最後に、このsoftmax関数を掛けた値を重みとして$value_1$ベクトルに掛けて、$output_1$ベクトルを得ます。

先ほどの図3.17では、*query*、*key*、*value*による演算を説明するために、入力文の含まれる単語のうち1つだけを用いましたが、次の図3.18では、3つある入力単語がそれぞれどのように処理されるかを示します。

各入力単語について、*query*と*key*と*value*を作成します。$query_1$と、key_2およびkey_3との内積をそれぞれとることで、入力単語$input_1$との類似度を求めていきます。類似度重みを$value_2$と$value_3$に掛けたものを合計し、Scaled Dot-Product Attentionを用いて、入力単語$input_1$を最終的に変換した形である$output_1$ベクトルを得ます。

以上見たように、Query-Key-Valueを用いた演算、即ち内積（Dot-Product）とスケール化（Scaled）による演算が、Scaled Dot-Product Attentionです。そのメリットは、高度に最適化された行列乗算コードを使用して実装できるため、非常に高速かつメモリ効率が高いことです。

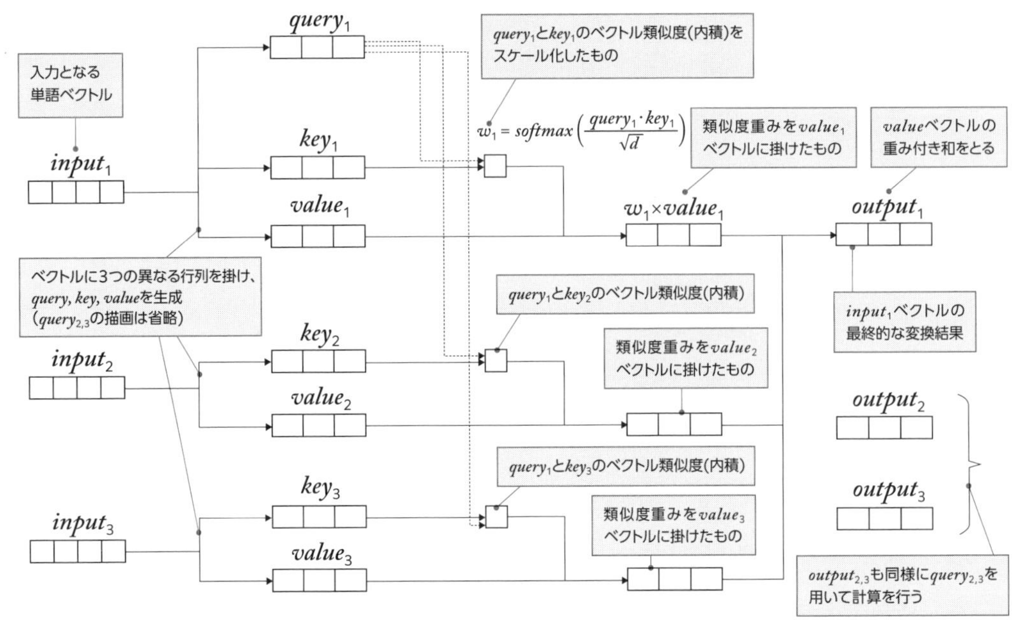

図 3.18　Query-Key-Value を用いた Scaled Dot-Product Attention の計算方法

● Multi-Head Attention

これで Transformer の難しい部分は最後になりますので、あと少しだけ頑張って読み進めてください。

ここまでの説明では、1つの単語ベクトルに対して1つの行列を掛け、1組の Query-Key-Value ベクトルを作成しました。Multi-Head Attention では複数の行列を掛け、複数の Query-Key-Value の組を作成し、それによって複数のベクトルを作り、最終的にそれらを1つのベクトルに落とし込みます。

まず、論文ではヘッドの数が8つなので、Query と Key と Value 用の重み W^Q、W^k、W^vをそれぞれ、W_1 から W_8 まで8セット用意します。また、重みの次元数は、64次元と比較的小さいサイズです。

この重みを入力ベクトルに掛け、*query* と *key* と *value* の組を8セット得ます。それぞれについて、Scaled Dot-Product Attention の図で示した計算過程を経て、$head_1$ から $head_n$ までの、各アテンションヘッドの出力ベクトルを得ます。

最後に、Multi-Head Attention 層の最終出力として、単語1つにつき1つのベクトルとするために、複数ヘッドの出力ベクトルを結合したベクトルである $Concat(head_1 \cdots head_8)$ に重み行列 W^o を掛けて、1つのベクトルに変換します。

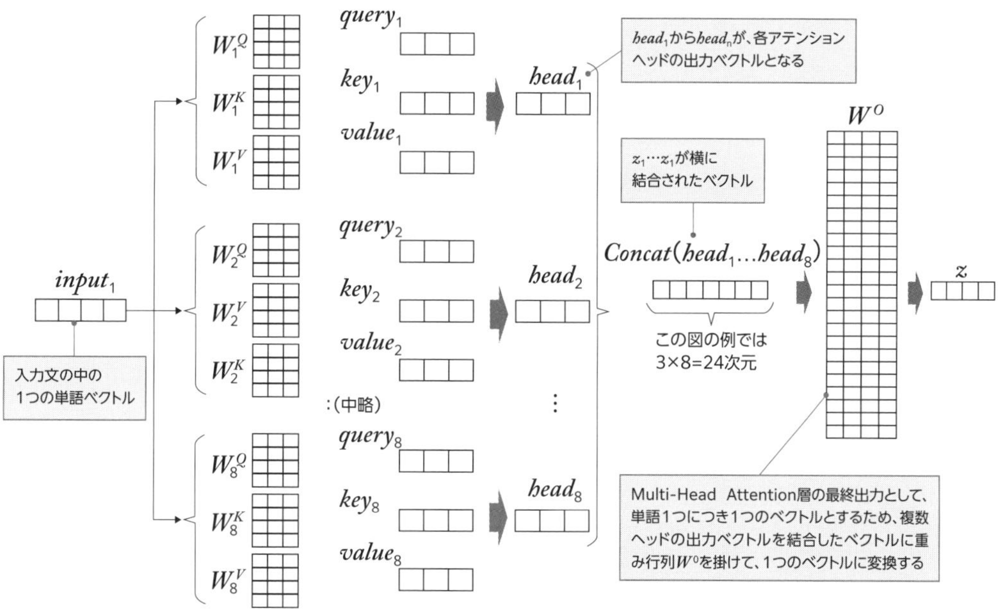

図 3.19 Multi-Head Attention

さて、このMulti-Head Attentionがもたらすメリットについて簡単に述べます。論文では、「複数の異なる学習済みの線形射影を行うことで、モデルは様々な表現部分空間からの情報に同時に注意を向けることができます」と述べていますが、これは解釈を要する抽象的な表現です。これに対する本書の解釈としては、「複数ヘッドを用いず1つの類似度しか用いない場合は、1つの観点から関係性のある単語間の類似度しか考慮できないが、しかし複数のヘッドを用意することで、それぞれが異なる観点からの類似度を考慮できるようになる」としておきます。

3.2.4 Transformerのパフォーマンス

●計算量の理論値

Transformerの優れたパフォーマンスとして、計算量が少なく済むことがまず挙げられます。計算量の理論値を、RNNおよびCNN（Convolutional Neural Network：畳み込みニューラルネットワーク）と比較してみます。

最初は、文に含まれるn個の単語の処理に必要な計算量です。RNNでは単語を1つずつ処理した結果を受けて、次の単語を入力する必要があるので、nステップの計算が必要となります。1つ1つの計算が依存しており逐次的に計算する必要があるため、計算を並列化することができません。そのため計算時間は$O(n)$となってしまいます。

一方、Transformerでは個々の単語の計算に依存関係がなく、入力された複数の単語を一度に処理することができます。計算量は$O(1)$です。GPUの複数コアを用いてN並列で計算できますので、RNNよりもn倍計算が早いことになります。

次に、モデルのレイヤーごとの処理に必要となる計算量を見ていきます。ここでnは入力単語の数を表し、dは単語の次元数、kはCNNの畳み込みに使用するカーネルサイズを表します。通常、次元数dよりも単語数nの方がずっと小さいため、$O(n^2 \cdot d)$、$O(n \cdot d^2)$、$O(k \cdot n \cdot d^2)$を比較すると、Self-Attentionの計算量が最も小さくなります。 例えば、n=10, d=512のタスクと考えるとSelf-Attentionの計算量はRNNやCNNに比べて50倍程度少なくなります。

表3.2 Self-Attentionと従来法の計算量の比較

モデル	文に含まれるn個の単語の処理に必要な計算量	レイヤーごとの計算量
Self-Attention	$O(1)$	$O(n^2 \cdot d)$
RNN (Recurrent NN)	$O(n)$	$O(n \cdot d^2)$,
CNN (Convolutional NN)	$O(1)$	$O(k \cdot n \cdot d^2)$

Column 計算量の表現

一般的に、計算量はO記法(オー記法またはビッグオー記法)を使って表されます。

O記法では、例えば$O(n)$や$O(n^2)$のように計算量を表現します。これは入力の増加に対して、計算時間がどれくらいの割合で増加していくかを表しています。

$O(n)$の場合は、計算時間が入力サイズnに比例して増加します。$O(1)$では、入力サイズが大きくなっても計算時間が変わらない固定的な計算量となり、$O(n)$よりも計算量が小さく望ましいと言えます。逆に$O(n^2)$となると、計算量が入力サイズnに対して二乗で増えていくので、$O(n)$よりも計算量が大きく、望ましくないと言えます。

●機械翻訳タスクにおける精度と計算コスト

次に、機械翻訳タスクにおける精度と計算コストを考えます。論文の実験結果から、Transformerのパフォーマンスを見ていきます。

表3.3は、Transformerと、従来手法におけるSoTA(State-of-the-Art:最高精度)手法との比較結果です。従来手法には、単一のモデルのみを使用するシングルモデル手法と、複数のモデルを組み合わせて用いるアンサンブルモデル手法があり、それぞれのSoTA手法は、MoEおよびConvS2S Emsembleでした。これらを用い、英語からドイツ語への翻訳(英→独)と、英語からフランス語への翻訳(英→仏)タスクについて、翻訳精度と学習コストの検証実験が行われました。

結果の概要として、Transformer はいずれの翻訳タスクでも SoTA を叩き出しています。また英仏の翻訳タスクでは学習時の計算コストを 4 分の 1 程度に抑えています。以下、表について詳細に説明します。

英独の翻訳では、巨大モデル（big）が 28.4 という最良の BLEU スコアを達成しており、以前の SoTA より 2.0 ポイント高い結果となっています。また、ベースモデル（base）であっても、非常に少ない訓練コストと、従来手法を上回る性能が得られました。

英仏の翻訳では、巨大モデル（big）が 41.8 の 最良の BLEU スコアを達成し、以前の SoTA よりも 0.5 ポイント高い結果となっています。上げ幅はそれほど大きくはないですが、学習コストは従来手法の約 4 分の 1 となり、非常にコストパフォーマンスに優れています。

表 3.3 Transformer の翻訳精度と学習コスト

手　法	翻訳精度（BLEU スコア）		レイヤーごとの計算量	
	英→独	英→仏	英→独	英→仏
シングルモデルの従来 SoTA 手法 MoE	26.03	40.56	$2.0 \cdot 10^{19}$	$1.2 \cdot 10^{20}$
アンサンブルモデルの従来 SoTA 手法 ConvS2S Ensemble	26.36	41.29	$7.7 \cdot 10^{19}$	$1.2 \cdot 10^{21}$
Transformer(ベースモデル)	28.45	38.1	$3.3 \cdot 10^{18}$	
Transformer(巨大モデル)	28.4	41.8	$2.3 \cdot 10^{19}$	

3.3 BERT

前節まででBERTを構成する基礎技術のAttentionと、BERTモデルの中核的要素であるTransformerについて解説しました。

本節の前半3.3.1項と3.3.2項では「BERTとは何か」、そして「BERTの何がすごいのか」を解説します。初学者の方も概要理解のために、ここまでは読んでください。

後半の3.3.3項と3.3.4項は、BERTの詳細な仕組みとパフォーマンスを理解したい読者向けなので、初学者は読み飛ばしても構いません。

3.3.1 BERTとは何か?

BERTとはBidirectional Encoder Representations from Transformersの略で、「Transformerによる双方向のエンコード表現」という意味です。この名前だけではイメージが掴みづらいと思います。そこで、機能と用途の観点から言い表すと、「Transformerによる、大規模データを用いた事前学習の仕組みによって、様々なタスクにおいて少量データで高精度が得られるようにした汎用言語モデル」です。

このモデルはGoogle AI Languageチームが2018年10月に発表し、質疑応答や自然言語推論といった様々なNLPタスクにおいて、従来手法を大幅に上回る性能を実現しました。

その仕組みをニューラルネットワークモデルの面から見ると、BERTのモデルアーキテクチャはその名のとおり、TransformerのEncoder部分を使っています。なので、モデルアーキテクチャとしてはTransformerこそが本質的に重要な役割を担っており、前項で解説したSelf-Attention、Scaled Dot-Product Attention、Multi-Head Attentionという3つのAttentionの仕組みがその中核となっています。

次に、学習の仕組みを見ると、Transformerは前項で解説したとおり並列化が可能なので、大規模データを用いた学習が可能です。しかし、そうした学習を特定のタスクごとに行わなくてはならないとなると、利用のハードルが高くなります。そこで考え出されたのが「事前学習」の仕組みです。

汎用的な事前学習と、特定タスク向けのファインチューニングという2段階の学習によって、特定タスク向けには少量データの学習で高い精度を得られるようにしたところが、BERTの最もすごいところと言えます。BERTでは、人手による教師ラベルのついていないテキストデータを学習データとして、様々なタスクに通用する汎用的な事前学習が行われます。そうして作られた事前学習モデルに出力層を付け加えるだけで、簡単に特定タスクのファインチューニングを実現することができます。

もうひとつ見落とせない点は、その圧倒的かつ汎用的なパフォーマンスです。11種類のNLPタスクにおいてSoTAを達成し、スコアを大幅に塗り替えました。

3.3.2 BERTの何がすごいのか?

BERTの最もすごいところは、前項のとおり「汎用的な事前学習と、特定タスク向けのファインチューニングという2段階の学習の仕組みによって、特定タスク向けには少量データの学習で高い精度を得られるようにしたところ」です。このことをもう少し詳しく説明します。

●汎用的な事前学習モデルの利用

汎用的な事前学習がもたらした利点を説明します。

BERTの登場以前、学習を行うには、機械翻訳、文書分類、固有表現抽出といったタスク別に、それぞれ異なる、高度に設計された固有のニューラルネットワークアーキテクチャを用いる必要がありました。それがBERTの登場によって、一部を修正する必要はあるものの、基本的にはすべてBERTのニューラルネットワークアーキテクチャを用いて、事前学習済みモデルをファインチューニングする形で、学習が行えるようになったのです。

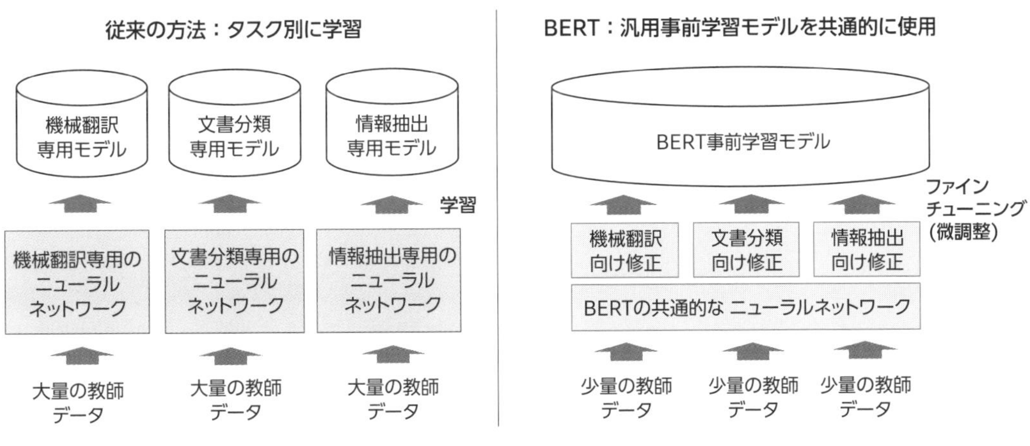

図3.20 汎用的な事前学習モデルの利用とファインチューニング

●事前学習モデルの配布と各企業での活用

この汎用的な事前学習の仕組みは、研究やビジネスにおける機械学習の活用方法に大きな影響を与えました。従来は最先端のタスク固有のニューラルネット等を使い、学習データを自前で用意して、ゼロから学習を行っていました。それが、大規模データを用いて事前学習されたモデルの配布と利用が可能になったのです。

NLPタスクに関するアプリケーション開発においては、BERTをベースにすることで、少量の特定ドメインのデータをもとにファインチューニングして使用するといった形での利用が可能となりました。機械学習に関わるシステム開発のコスト対性能比は、全世界的に改善されたと言えるでしょう。

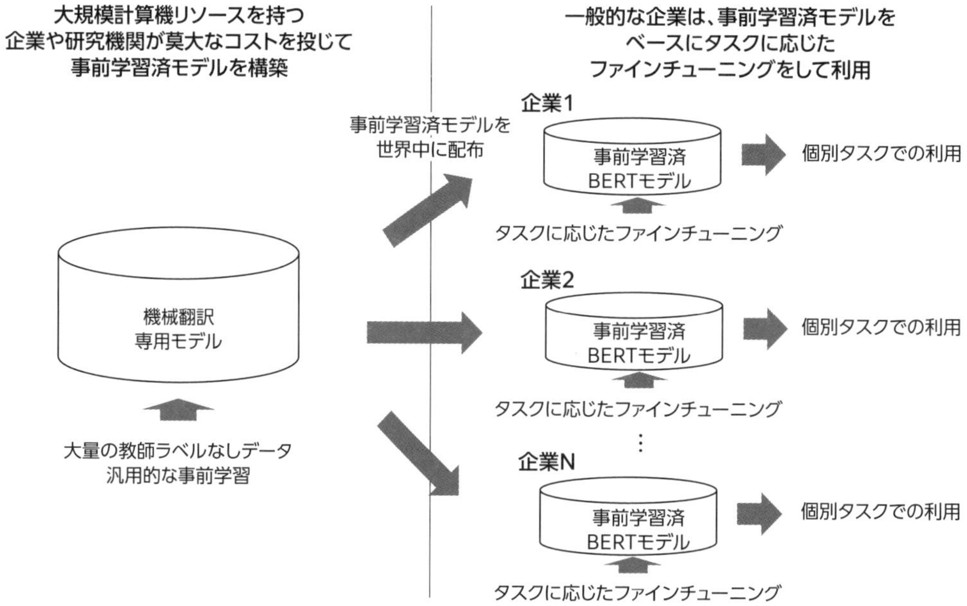

図 3.21　事前学習モデルの配布と各企業での活用

3.3.3 BERTの仕組み

● Bidirectional（双方向）の意味

BERTの頭文字Bは「Bidirectional、「双方向」の意味です。この「双方向」とはどういうことかを説明します。

BERTモデルの内部構造は、基本的にはTransformerのエンコーダー部分です。前節で解説したとおり、RNNとは異なり全ての単語が一度に入力され、ある単語のSelf-Attentionを行うときには、文の中の全ての単語との関係性が考慮されます。このとき、ある単語の左側のみや右側のみが考慮されるのが「一方向の関係性」です。そうではなく、全ての単語が考慮されることから、「双方向Transformer」と呼ばれています。

実は、わざわざ「双方向」と言わなくても、これは通常のSelf-Attentionの仕組みではあるのですが、従来手法であるGPTにおける一方向のSelf-Attentionの仕組みと明確に区別するために「双方向」と言われています。GPTでは、Transformerのデコーダー部分が使われており、ある単語の Self-Attention を行うとき、文中の当該単語の左側にある単語のみが使用されるマスク付き Self-Attention が用いられており、常に左から右への一方向の関係性のみが考慮されます。

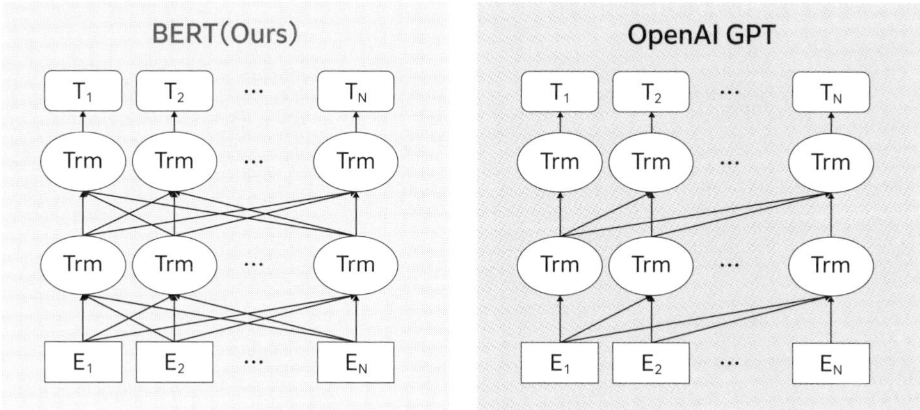

図 3.22　BERT と GPT のアーキテクチャ比較

ここで、BERT で使われる Transformer と、オリジナルの Transformer 論文におけるモデルとの相違点として、モデルサイズについて触れておきます。BERT 論文では BASE と LARGE の 2 種類の大きさのモデルが検証されていますが、いずれも元の Transformer よりも大きなモデルです。また、BASE モデルでは GPT とのアーキテクチャの違いによる比較を行うために、GPT と同じモデルサイズになるようパラメーターが選択されています。

表 3.4　BERT 論文と Transformer 論文におけるモデルサイズの相違点

モデル	Encoder レイヤの数	Attention ヘッド数	隠れ層のサイズ
Transformer 論文におけるモデル	6	8	512
BERT（BASE モデル）	12	12	768
BERT（LARGE モデル）	24	16	1024

● BERT への入力

BERT モデルへの入力は特殊です。1 つの「トークン列」だからです。トークンは、およそ単語に相当する単位の情報を示します。しかし、厳密には単語ではなく、WordPiece という Google 社のトークナイザによって扱われる 3 万種類の語彙が用いられます。

様々な下流のタスクを処理させるために、モデルへの入力となる 1 つのトークン列に、1 つの文と、2 つの文からなるペア文（Question と Answer など）の両方を詰め込める仕組みになっています。ペア文が入力される場合、2 つの文が別々の文であることを明確に区別して表現できるようになっています。

まず、入力シーケンスの最初のトークンとして、特殊トークンの[CLS]というものが文頭に付加されます。このトークンは最終的に文全体の意味を表すような表現となります。

各トークンはWordPieceを用いた埋め込みベクトルで表現され、これはToken Embeddingsと呼ばれます。

ペア文は2つの方法で区別されます。まず、特殊トークンの[SEP]で区切って入力されます。そして、1番目の文Aに含まれる全てのトークンに埋め込みベクトルE_Aが足され、2番目の文Bに含まれる全てのトークンに埋め込みベクトルE_Bが足されます。このE_AとE_BをSegment Embeddingと呼びます。

最後に、それぞれのトークンの位置情報を表現するための、Position Embeddingsが用いられます。本書ではPosition Embeddingsの詳細説明は割愛しますので、詳しくはTransformer論文(https://arxiv.org/abs/1706.03762)を参照してください。

最終的な入力表現として、Token Embeddings、Segment Embeddings、Position Embeddings、の3つの埋め込みベクトルの和が使用されます。

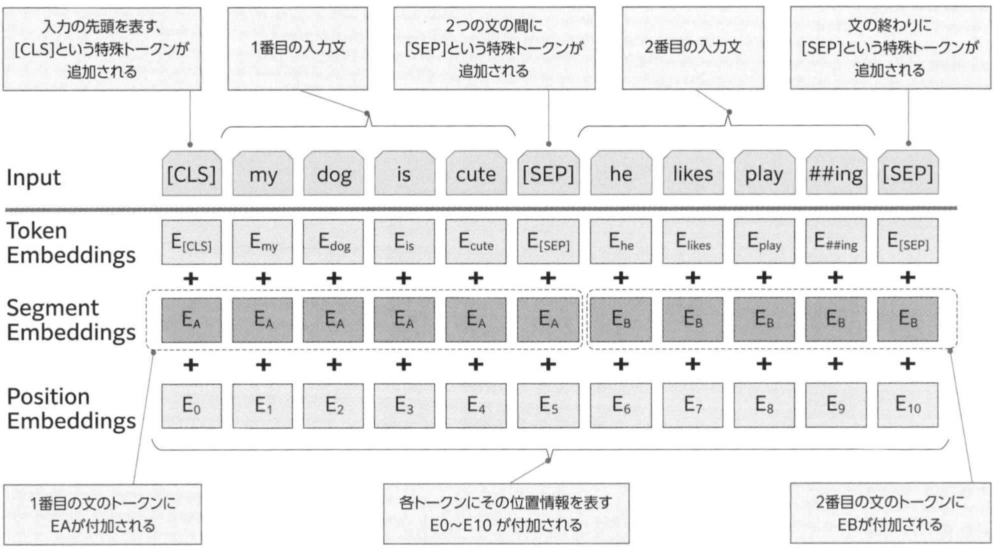

図 3.23　BERTモデルの入力表現

● BERTの事前学習の仕組み

BERTモデルの学習ステップには、事前学習とファインチューニングの2つがあります。事前学習では、以下の2種類の教師なし学習を行います。

1. Masked Language Model

入力トークンの一部をランダムにマスクし、マスクされたトークンを予測するモデルを学習します。この予測モデルを「マスクされた言語モデル」(Masked Language Model：MLM) と呼びます。

これにより、双方向の事前学習モデルを取得できますが、[MASK] トークンがファインチューニングにおいて表示されないため、事前学習とファインチューニングの間に不一致が生じるという欠点があります。これを軽減するために、マスクされた単語を常に [MASK] トークンに置き換えるのではなく、確率的な置換を行います。具体的には以下の確率的置換を行います。

```
入力シーケンスの 15% のトークンに対して、以下の確率でトークンを置換する
  80%の確率で、トークンを [MASK] トークンに置き換え，
        例： my dog is hairy → my dog is [MASK]
  10%の確率で、トークンを別のトークンに置き換え
        例： my dog is hairy → my dog is apple
  10%の確率で、何もしない。
        例： my dog is hairy → my dog is hairy.
```

2. Next Sentence Prediction

Masked Language Model を用いると単語に関しての学習はできますが、文単位の学習はできません。そこで、2 つの入力文に対して「その 2 文が隣り合っているか」を当てるよう学習します。これにより、2 つの文の関係性を学習できます。これを Next Sentence Prediction (隣接文予測) と呼びます。

学習データの作り方として、隣り合う 2 文の片方の文を 50% の確率で他の文に置き換えます。そして、それらが隣り合っているか (isNext)、隣り合っていない (notNext) かの正解ラベルを自動的に付与しておきます。2 文を [SEP] というトークンを挟んで連結し、[CLS] というトークンを先頭に付与します。

この 2 文を連結したデータを BERT モデルに入力し、isNext か notNext かの 2 値分類モデルとして学習を行います。こうすることで、BERT は単語だけでなく文脈を考慮した表現についても学習することができます。

表 3.5 Next Sentence Prediction の学習データ

ペア No.	区 分	文の内容	ラベル
1	入力文1	[CLS] the man went to [MASK] store [SEP]	IsNext
	入力文 2	he bought a gallon [MASK] milk [SEP]	
2	入力文1	[CLS] the man [MASK] to the store [SEP]	NotNext
	入力文 2	penguin [MASK] are flight ##less birds [SEP]	

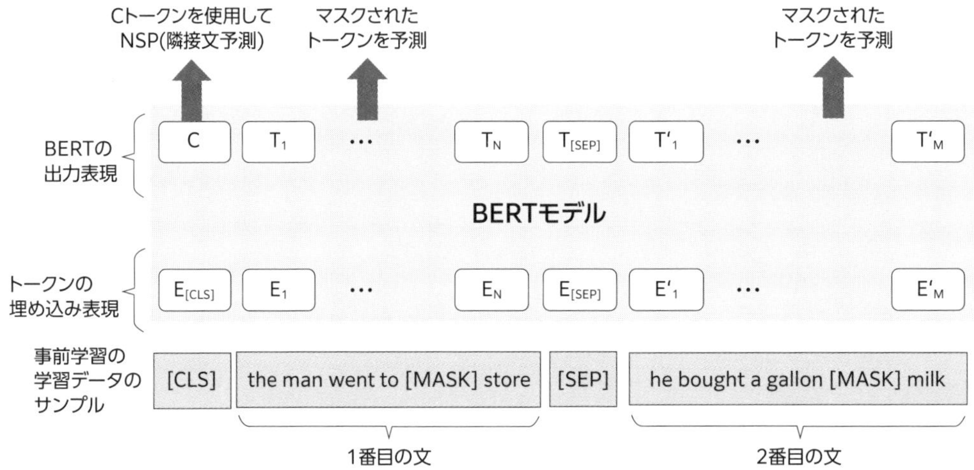

図 3.24 BERT モデルの事前学習

● BERT のファインチューニングの仕組み

文書分類や固有表現抽出等の個別のタスク向けの学習を行うためには、BERT の事前学習済みモデルに対して、タスク別の教師ラベル付き学習データを使用したファインチューニングを行います。その方法としては、タスクに応じて出力層を修正した上で、BERT モデル本体のパラメーターを含む全てのパラメーターを、エンドツーエンドで学習する方法があります。

ファインチューニングでは、BERT の出力の先頭のベクトル C が、分類（Classifier）タスク（例えば含意判定や感情分析など）に使用されます。その後に複数続くベクトルである Ti は、トークン（Token）レベルのタスク（例えば質問応答や固有表現抽出）に使用されます。

ファインチューニングの学習コストは、事前学習と比較して安価です。同じ事前学習済みモデルから開始して、単一のクラウド TPU で最大 1 時間、GPU では数時間で、論文における全ての実験結果が得られます。

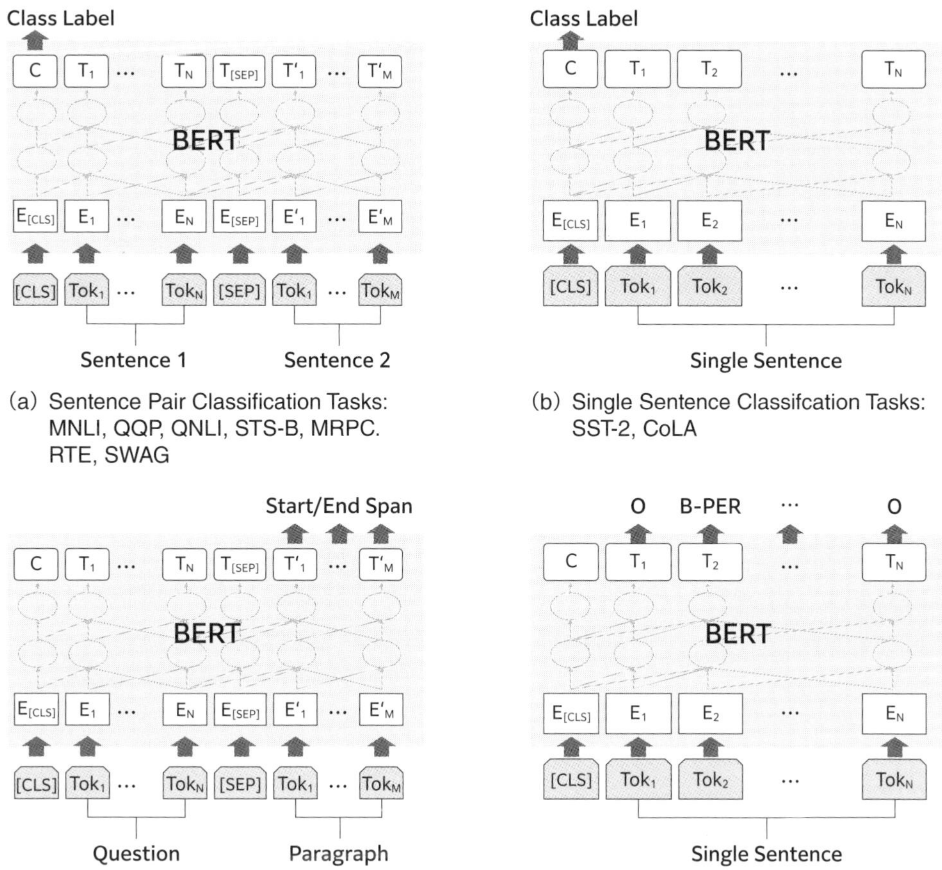

(a) Sentence Pair Classification Tasks: MNLI, QQP, QNLI, STS-B, MRPC. RTE, SWAG

(b) Single Sentence Classifcation Tasks: SST-2, CoLA

(c) Question Anawering Tasks: SQuAD v1.1

(d) Single Sentence Tagging Tasks: CoNLL-2003 NER

図 3.25　BERT のタスク別ファインチューニング方法

3.3.4 BERTのパフォーマンス

ここでは、BERT モデルのパフォーマンスについて、論文における実験結果をもとに解説していきます。論文では以下の 3 つの観点からのすべてにおいて、「従来手法を上回るパフォーマンスが得られた」と報告しています。

- 8 つの自然言語理解タスクにおけるパフォーマンス
- Q&A タスクにおけるパフォーマンス
- 常識的な推論タスクにおけるパフォーマンス

また、ここでは以下の2点について解説します。いずれも、BERTを実利用する際に特に考慮すべき事柄です。

- モデルサイズの影響
- BERTを使用した特徴ベースのアプローチ

●8つの自然言語理解タスクにおけるパフォーマンス

論文では、8つの自然言語理解タスクを1つにまとめたベンチマークを実施しています。これはGLUE（General Language Understanding Evaluation）と呼ばれています。GLUEにおける最終スコアは8つのタスクの平均をとります。

それまでのSoTAモデルであるOpenAI GPTに対して、BERTの比較的小規模なbaseモデルと、比較的大規模なlargeモデルを比較したところ、それぞれ4.5ポイントと7.0ポイントもの向上が得られています。

表3.6　自然言語理解のベンチマークであるGLUEのスコア比較

データセット	タスク	概　要	従来手法		BERT	
			BiLSTM +ELMo +Attn	OpenAI GPT	BERT (base)	BERT (large)
MNLI	推論	2つの文が含意/矛盾/中立のどれかを判定	76.4/76.1	82.1/81.4	84.6/83.4	**86.7/85.9**
QQP	類似判定	2つの文が同じ意味か否かを判定	64.8	70.3	71.2	**72.1**
QNLI	推論	文と質問のペアにおいて、文に質問の答えが含まれるか否かを判定	79.8	87.4	90.5	**92.7**
SST-2	1文分類	文がポジティブかネガティブか感情を判定	90.4	91.3	93.5	**94.9**
CoLA	1文分類	文が文法的に正しいか否かを判定	36.0	45.4	52.1	**60.5**
STS-B	類似判定	2文が意味の類似度をスコア1～5で判定	73.3	80.0	85.8	**86.5**
MRPC	類似判定	2文が同じ意味か否かを判定	84.9	82.3	88.9	**89.3**
RTE	推論	2文が含意関係にあるか否かを判定	56.8	56.0	79.6	**82.1**
		平　均	71.0	75.1	79.6	**82.1**

● Q&A タスクにおけるパフォーマンス

SQuAD（Stanford Question Answering Dataset）と呼ばれるQ&A（一問一答）タスクも実施されました。データセットは、クラウドソーシングによって収集された10万の質問／回答ペアのコレクションです。質問と回答を含むウィキペディアからの2つのパッセージが入力として与えられ、タスクはパッセージ内の回答部分の範囲を予測することです。

BERTのアンサンブルモデルでは、従来手法よりも1.5ポイント、シングルモデルでも1.3ポイント改善されました。シングルモデルであっても、従来手法のアンサンブルモデルのSoTAを上回るパフォーマンスを得ています。

表3.7 Q&AタスクであるSQuADのスコア比較

手 法	テストデータを用いた精度（F1）	
	SQuAD1.1 データセット	SQuAD2.0 データセット（SQuAD v1.1に「答えが存在しない」という選択肢を加えたもの。）
人間	91.2	89.5
従来SoTA手法	88.5（R.M.Reader（アンサンブル手法））	74.9（unet（アンサンブル手法））
BERT（LARGE、シングルモデル）	91.8	83.1
BERT（LARGE、アンサンブルモデル）	93.2	実験結果なし

●常識的な推論タスクにおけるパフォーマンス

SWAG（Situations With Adversarial Generations）というタスクでは、常識的な推論ができるかを評価します。与えられた文に続く文としてもっともらしいものを、4つの選択肢から選ぶタスクです。BERTモデルでは従来法を8.3%も上回る精度が得られています。

表3.8 常識的な推論タスクであるSWAGのスコア比

手 法	テストデータを用いた精度（F1）
人間	85.0
従来SoTA手法（OpenAI GPT）	78.0
BERT（LARGE）	86.3

●モデルサイズの影響

ファインチューニングを実施する際の、モデルサイズの影響について説明します。

表3.9は、BERTモデルのレイヤー数、隠れ層の次元数、アテンションヘッド数を変更したときの結果です。4つのデータセットすべてにおいて、モデルサイズが大きければ大きいほど、よりよいパフォーマンスが得られることがわかりました。

表 3.8　モデルサイズに関わるパラメーターを変更したときの精度

モデルサイズに関わるパラメータ			GLUE タスクの正解率		
レイヤ数	隠れ層のサイズ	アテンションヘッドの数	MNLI-m	MRPC	SST-2
3	768	12	77.9	79.8	88.4
6	768	3	80.6	82.2	90.7
6	768	12	81.9	84.8	91.3
12	768	12	84.4	86.7	92.9
12	1024	16	85.7	86.9	93.3
24	1024	16	86.6	87.8	93.7

● BERT を使用した特徴量ベースアプローチ

BERT の特徴量ベースアプローチ（Feature-based approach）について最後に軽く触れます。特徴量ベースアプローチでは、事前学習を行なったBERT モデルから特徴量を抽出し、それを既存のモデルに組み込むことで、既存モデルの精度向上を図ります。

これまでに提示したすべての下流タスクにおけるBERT の実験結果では、事前学習済みのモデルに、単純な分類のための層が追加され、すべてのパラメーターが下流タスクで更新されるというファインチューニングアプローチが用いられています。しかし、必ずしも全ての NLP のタスクがこの仕組みで実現できるわけではありません。タスクによっては、タスク固有のアーキテクチャが必要かもしれません。また、ファインチューニングには一般的に高スペックのマシンが必要ですが、マシンコストを抑えなければならない状況もありえます。

そこで、特徴量ベースアプローチを用いれば、BERT のファインチューニングを行うことなく、BERT から得られた良質な特徴量だけを利用して、タスク固有の別のモデルの学習を行うことができます。また、一般的なモデルにはBERT ほどの計算コストが要求されないため、比較的低いスペックのマシンで学習を行うことができます。

論文では、NER（固有表現認識）タスクにおいて特徴量ベースアプローチを検証しています。その結果、BERT の 9 から 12 層目の隠れ層のベクトルを 1 つのベクトルに結合し、双方向 LSTM に入力するという方法が、最も高いパフォーマンスを発揮しました。これにより、ファインチューニングアプローチと比較して、0.3 ポイントほどの若干の劣化はあるものの、特徴量ベースアプローチにおいても同等のパフォーマンスが得られることがわかりました。

3.4 BERT以降のモデル

BERTの登場以降、Transformerを採用したモデルが次々に発表されています。本節では、その進化の方向性と代表的なモデルを紹介していきます。

3.4.1 軽量化

BERTは様々なタスクにおいて高い性能を発揮しました。一方、処理が重いという課題はあります。これに対して、BERTの性能を極力下げずに、動作を軽量化したモデルが発表されています。

■ DistilBERT[1]

「蒸留」という技術を用いてBERTの性能を97%保ったまま、モデルを40%小さく、動作は60%早くしたモデルです。

蒸留学習は、教師と生徒の学習に喩えることができます。教師役がBERTであり、パラメータ数は少ないながらBERTと同じ構造を持ったDistilBERTが生徒役となります。同一の入力に対するBERTの出力を教師データとして、DistilBERTは同一の出力が行えるように学習をしていきます。

一般的な正解ラベルを準備しての教師あり学習との違いは、正解以外の答も含めて模倣しようと学習する点です。例えば、3カテゴリの分類問題の場合、BERTが各カテゴリの確度を（カテゴリ1, カテゴリ2, カテゴリ3）=（0.7, 0.2, 0.1）と予測し、正解はカテゴリ1だったとします。一般的なデータセットでは「カテゴリ1が正解だ」という情報のみが与えられますが、蒸留学習ではその他のラベルについても情報が与えられることになり、これにより効率的に学習が行えます。

■ Longformer[2]

BERTの一つの弱点として、入力可能なトークン数の制限が挙げられます。例えば、一般的なBERT-baseモデルは512トークンが上限であり、それ以上の長さの文章を一度に入力することができません。原因は、BERTが単語の情報を、入力された他の単語全てとの関連度を踏まえて

1 Sanh, Victor, et al. "DistilBERT, a distilled version of BERT: smaller, faster, cheaper and lighter." arXiv preprint arXiv:1910.01108 (2019).
2 Beltagy, Iz, Matthew E. Peters, and Arman Cohan. "Longformer: The long-document transformer." arXiv pre-print arXiv:2004.05150 (2020).

捉えているためです。入力可能長が長くなるほど計算量が増加するので、現実的な処理量のサイズの制約が設定されているわけです。

Longformerは効率的な学習方式の導入により、入力可能なトークン数を長くしても、そこまで計算量が増加しないように工夫されたモデルであり、BERTの8倍の4096トークンまで扱うことができるよう拡張されています。このモデルの利用により、マニュアル書などの長い文全体を取り扱えるようになり、自然言語処理の適用の幅が広がります。

3.4.2 学習方式の変更

BERTではMLMとNSPという2種類の学習を行っています。この学習方式を変更することにより、より効率的な学習を行わせようという研究も行われています。

■ RoBERTa[3]

RoBERTaはBERTのハイパーパラメータや学習データのサイズ変更など、BERTの性能を引き出す研究論文です。この中で、「MLMのパターンを動的に変更するよう工夫したところ、従来のMLMを上回る性能を達成した」とあります。また、BERTで導入されていたNSPを取り除くことで、多少パフォーマンスが上がったとされています。

■ Electra[4]

BERTのMLMは全トークンの15%が対象でした。つまり、他のトークンは学習に活用できていません。これに対しElectraは、どの単語がMASKされたトークンだったかを推測する学習をさせることで、すべてのトークンを学習に用いるよう工夫しています（図3.26）。これにより、同じモデルサイズでも、BERTを大幅に上回る性能が達成できています。

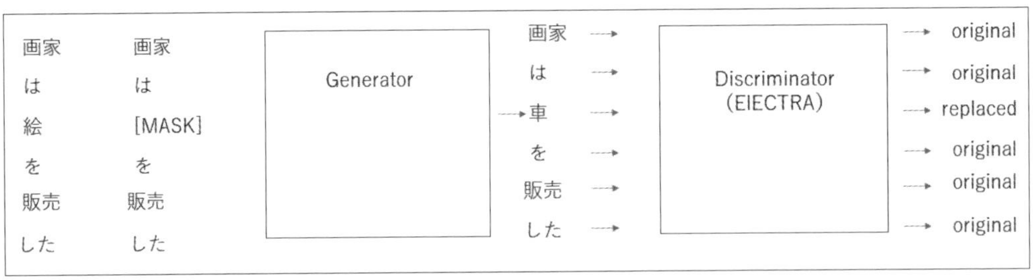

図3.26 Electraの学習方法

3 Liu, Zhuang, et al. "A Robustly Optimized BERT Pre-training Approach with Post-training." China National Con-ference on Chinese Computational Linguistics. Springer, Cham, 2021.

4 Clark, Kevin, et al. "Electra: Pre-training text encoders as discriminators rather than generators." arXiv preprint arXiv:2003.10555 (2020).

3.4.3 モデルの大規模化

BERTモデル（BERT-large）のパラメータ数は3.4億と大きく、その学習データは10GB以上でした。しかし今日、さらに大きなパラメータ数のモデルを、より大規模なデータで学習させたモデルが次々に出現しています。

■ GPT-3[5]

GPT-3はOpenAI社[6]が開発した超大規模モデルです。1,750億のパラメータ数を持ち、570GBのデータ（フィルタリング前は45TB）で学習を行ったモデルです。

この言語モデルは、過去に類を見ない規模の学習の結果、様々なタスクで過去の最高性能を上回る、もしくは同等程度の性能を達成しています。また、単に個別のタスクの回答性能が高いのみならず、人間が書いたものと区別がつかないレベルの文章を生成しました。さらに、Few shot learningという数個の回答例を提示するのみで、翻訳や自然文からのプログラミングコードの作成、アプリ画面の生成、計算問題など様々なタスクをこなして世間に衝撃を与えました。

下の図3.27はGPT-3のFew shot learningおよび推測の動作イメージです。

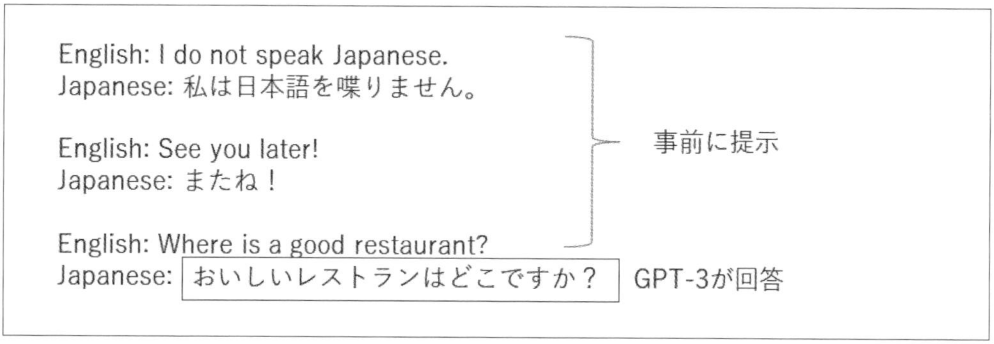

English: I do not speak Japanese.
Japanese: 私は日本語を喋りません。
English: See you later!
Japanese: またね！
English: Where is a good restaurant?
Japanese: おいしいレストランはどこですか？
事前に提示
GPT-3が回答

図3.27　GPT-3の動作イメージ

会員登録は必要ですが、GPT-3はOpenAIのPlaygroundで簡単に試すことができます。一例として、GPT-3のモデルの一種であるcodexを用いて、Pythonコードからその説明を作成するデモを実行したのが図3.28です。

5 Brown, Tom B., et al. "Language models are few-shot learners." arXiv preprint arXiv:2005.14165 (2020).
6 https://openai.com/

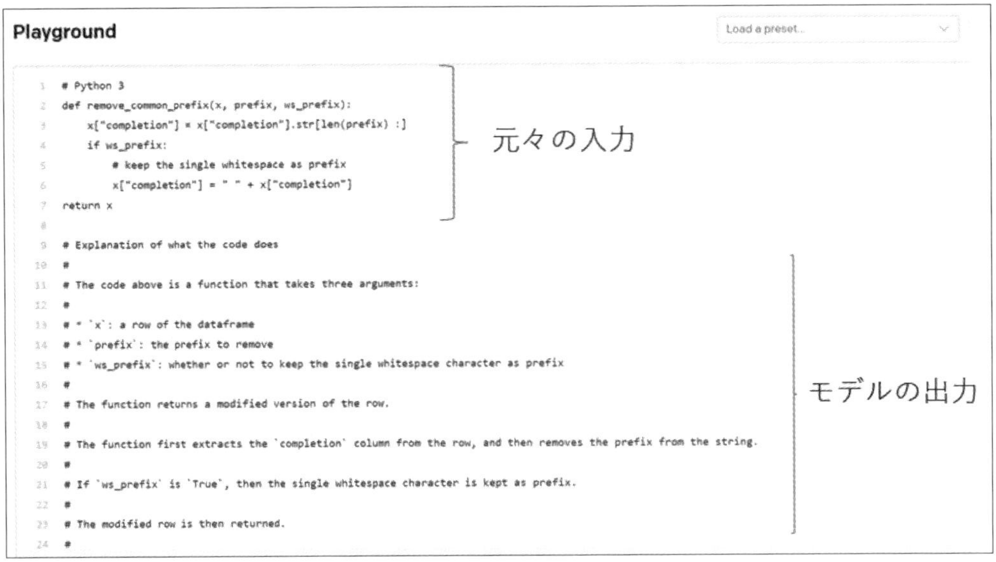

図 3.28　Playground の使用例

このほかにもOpenAIのPlaygroundには数十のサンプルがあります。それらを見てみるだけでも面白いですし、テキストエリアの入力を変更することで自ら試行錯誤をすることもできます。興味を持った方は是非とも試してください。

GPT-3のほかにも、Google社のSwitch Transformer（1.6兆パラメータ）や、NVIDIA社とMicrosoft社のMegatron-Turing NLG（5300億パラメータ）など、学習方法などに工夫を施しつつ、大規模なモデル構築で各社が競い合っています。

その一方、これほどの大規模モデルは巨大すぎて、動作させるのに必要なマシンスペックが非常に高いため、一企業が自社環境で動かせるものではありません。加えて、学習データに含まれた情報のリークや、公序良俗に反したり、思想的に偏りのある出力をしてしまうなど、様々な課題を抱えています。今後の大規模モデル開発の動向に注目したいところです。

3.4.4 他分野への拡張

ここまではTransformerを用いた自然言語モデルを紹介してきました。このTransformerの優秀性を自然言語処理以外の分野へ適用する動きも加速しています。

■ Vision Transformer(Vit)[7]

画像分野へのAIには、一般的にCNN技術が使われてきました。Vision TransformerはCNNを使わない軽量な動作であるにもかかわらず、様々なデータセットで非常に高い画像認識性能を達成したことで注目を浴びました。

■ Conformer[8]

TransformerとCNNを組み合わせた音声認識モデルの一つです。Transformerは大局的な関係を捉え、CNNは局所的な関係を捉えることが得意でした。これらを組み合わせることで、様々な音声認識タスクにおいて認識性能が向上するとされています。

以上はほんの一例ですが、自然言語処理以外で使われているTransformerです。今後もこのTransformerモデルが進化を続けるのか、それにとって代わる新たな発明があるのか[9]、動向から目が離せません。

---

7 Dosovitskiy, Alexey, et al. "An image is worth 16x16 words: Transformers for image recognition at scale." arXiv preprint arXiv:2010.11929 (2020).

8 Gulati, Anmol, et al. "Conformer: Convolution-augmented transformer for speech recognition." arXiv preprint arXiv:2005.08100 (2020).

9 例えば、Transformerで重要な役割を果たすAttention機構を用いず、多層パーセプトロン（MLP）ベースのモデルで優れた性能を発揮したgMLPが発表されています。Liu, Hanxiao, et al. "Pay Attention to MLPs." arXiv preprint arXiv:2105.08050 (2021).

Column 数行でBERTを使えるpipelineのススメ

4章の4.3.1で紹介するHugging faceライブラリを使うと、BERTをはじめるとするモデルを容易に利用できます。このライブラリの中にあるpipelineという機能を用いると、学習済みのモデルがさらに容易に利用できます。Hugging faceのホームページ「Transformers, what can they do?」から使い方を紹介します。

リスト3.1：pipelineの利用(感情分析)

```
pip install transformers
from transformers import pipeline
# distilbertによる感情分析
classifier = pipeline("sentiment-analysis")
classifier("I've been waiting for a HuggingFace course my whole
    life.")
```

```
[{'label': 'POSITIVE', 'score': 0.9598048329353333}]
```

上記の例は感情分析のタスクです。入力された文章のポジティブ度合いが0.95（最大1）と、かなり高いことを示しています。この処理は、ライブラリのimportを含めても、たったの4行で実現できました。

リスト3.2：pipelineの利用(テキスト生成)

```
generator = pipeline("text-generation")
generator("In this course, we will teach you how to")
```

```
[{'generated_text': "In this course, we will teach you how to be
more agile, with a focus on learning the most advanced and com-
plex of systems and techniques. We take the previous course from
the University of Rochester, so you have an opportunity while you're
here of"}]
```

上記を実行すると、入力した文章「In this course, we will teach you how to」に続く文章が自動的に作成されます。なお、ここで使われているモデルは「GPT-2」といって、フェイクニュースへの悪用が懸念されたこともあります。pipline機能は、ひと手間必要ですが日本語にも適用可能です。

リスト 3.3：pipeline の利用（日本語感情分析）

```
# 日本語処理用の準備
pip install fugashi
pip install ipadic

from transformers import AutoModelForSequenceClassification
from transformers import BertJapaneseTokenizer
mod-el = AutoModelForSequenceClassification.from_pretrained('daigo/
bert-base-japanese-sentiment')
tokenizer = BertJapaneseTokenizer.from_pretrained('cl-tohoku/bert-
base-japanese-whole-word-masking')
classifier_ja = pipeline("sentiment-analysis", model=model,
tokenizer=tokenizer)
print(classifier_ja('今日は大雪で大変だった。'))
print(classifier_ja('明日から三連休でとても楽しみだ。'))

print(classifier_ja('今日は大雪で大変だった。'))
print(classifier_ja('明日から三連休でとても楽しみだ。'))
```

```
[{'label': 'ネガティブ', 'score': 0.9484989047050476}]
[{'label': 'ポジティブ', 'score': 0.9841225147247314}]
```

fugashi は日本語の形態素解析器「Mecab」のラッパーライブラリであり、ipadic は辞書の名前です。利用モデルとトークナイザーを指定する必要がありますが、日本語においてもポジネガ分析をたったの数行で実行できました。

モデルの学習用データセットを準備し、実際に学習を行わせるには大変な労力を要します。このような形で学習済みのモデルを公開してもらえるのは大変ありがたいですし、数行でそのモデルを利用できるのはとても便利です。皆さんもこの機能を使い、ちょっとした言語処理をやってみてください。

第4章

BERTの環境構築

本書では、機械学習の分野で最も利用されているプログラム言語の Python を利用します。また、プログラムの実行環境には Google 社が提供している Colaboratory というサービスを利用します。本章では、その Python と Colaboratory を用いて実際に BERT を利用するための、環境構築について紹介します。また、Colaboratory には便利な機能が充実しているので、その一部をいくつか紹介します。

4.1 Python

Pythonは「分かりやすい、読みやすい」ことに重きを置いた汎用プログラム言語です。公式スポンサーであるGoogle社とMicrosoft社より支援を受けながら、コミュニティベースで日々開発が進められています。そのユーザは民間企業だけでなく、大学や研究機関など世界中の様々な組織にいます。日本国内に目を向けると、令和2年度春期から基本情報技術者試験の言語に追加されたこともあり、また一段と注目を浴びています。

ここでPythonの4つの特徴を紹介します。Pythonに造詣が深い読者は読み飛ばしてください。

本節の最初で述べたように、Pythonの一番の特徴はその可読性です。PythonではPEP（Python Enhancement Proposals）8をはじめとする、コミュニティベースのコーディング規約に基づいたコーディングが推奨されています。PEP8の一例として、「ソースコードの文字エンコーディングにはUTF-8使用すべき」や、「括弧や波括弧の直後や直前に余計な空白文字を入れない」などがあります。また、規約を守らないことによる直接的な弊害が発生する場合もあります。例えば、ソースコード内のfor文やif文、with文を用いる際には、必ずインデントを入れなければエラーになり、処理ができません。こういった厳しいルールの下で、Pythonの可読性は担保されています。

2番目の特徴は、インタプリタ型のプログラミング言語であることです。プログラミング言語は大別してコンパイラ型とインタプリタ型があり、Pythonは後者に該当します。インタプリタ型の言語は1行ごとにインタープリット（機械語へ翻訳）して実行されるため、デバッグやエラーの確認が容易です。一方、デメリットは、逐次的に処理するというその実行方式に起因して、全体の処理速度が遅くなってしまうことです。

3番目の特徴は、ユーザコミュニティが大きいことに起因して、サポートする開発環境やライブラリ、ドキュメントが非常に充実していることです。PyCharm、Visual Studio CodeのPython拡張機能、NumPy、pandas、Scikit-Learn、TensorFlow、PyTorchなど枚挙に暇がありません。これは開発者にとって最も重要なことの一つで、いわゆる「車輪の再発明」をしなくて済み、開発の速度が飛躍的にアップします。本書では割愛しますが、そのほかにも物理シミュレーションからWeb開発のバックエンドまで、分野横断的に多様なライブラリが存在し、日夜開発が進んでいます。

4番目の特徴は、官民、企業、研究機関を問わず、機械学習分野においてはグローバルスタンダードで使用されていることです。「Pythonの独壇場」と言っても過言ではありません。そのため特段英語が得意でなくても、開発者は海外の研究グループがアップロードした最新のソースコードを理解し実行できるといったメリットを享受できます。

本節の最後に、Python のバージョンについて軽く触れたいと思います。Python のバージョンは、大別すると Python2 系と Python3 系があります。Python2 系はコミュニティによるサポートが 2020 年 1 月に終了しており、現在は Python3 系が一般的には使用されています。あくまで筆者らの主観や経験ですが、研究機関などがアップロードする最新成果のソースコードは、Python3.6 以降のものが多いように見受けられます。

なお、本書執筆時点（2022 年 1 月）における最新の安定版 Python は 3.10.2 であり、後述する Colaboratory がデフォルトとしている Python のバージョンは 3.7.12 です。

4.2 Colaboratory

本節ではColaboratoryというサービスについて紹介します。

Colaboratory（略称：Colab）は、Google社が提供するPythonの実行環境です。Googleのアカウントさえあれば誰でもColaboratoryを利用できます。

一開発者としてColaboratoryを使うメリットには、以下の3点が挙げられます。

①環境構築が不要
②無料でGPUを利用できる
③GitHubやGoogleドライブを用いて簡単に共有可能

すなわち、機械学習やAI開発の初動を早くでき、さらに、開発したコードはスピーディーかつ容易にシェアできるということです。

Colaboratoryは2017年にサービスが開始されました。それ以前は、機械学習を行うには、例えばフリーミアムライセンスのAnacondaというパッケージ管理ツールをローカルのPCにインストールし、SpyderやJupyter Notebookなどの開発環境をインストールし、そのうえで、機械学習に必要なパッケージをインストールするといったプロセスが必要でした。また、ローカルPCのGPUをセットアップするには、追加でさらにいくつかのインストール作業が必要になります。この環境構築に丸1日かかってしまうことも、ざらにありました。ColaboratoryにはGPUまわりのセットアップを含め、主要な機械学習分野のライブラリが既にインストールされているので、煩雑な環境構築が一切なくなり、とても快適に作業を開始できるようになりました。

ColaboratoryではJupyter Notebook形式でコーディング作業を行います。Jupyter NotebookはPythonのインタプリタ型言語の特性を引き出しています。即ち、ひとつのセル（プログラムのまとまり）を実行する度に、そのセル分だけが処理されるので、対話形式でプログラミングを実行することができます。

以下では実際のColaboratoryの画面を見ながら、Colaboratoryの使用方法と便利な機能を紹介します。

● Colaboratoryにノートブックを読み込む

まずは、既存のノートブックの読み込み方法を紹介します。本書巻頭（目次の前）に記載された方法でダウンロードしたコンテンツも、下記の方法でColaboratoryに取り込んで利用できるようになっています。

はじめにColaboratory（https://colab.research.google.com/?hl=ja）のファイルメニューから「ノートブックを開く」を選択すると、オレンジ色帯の画面が表示されます。これがファイルの

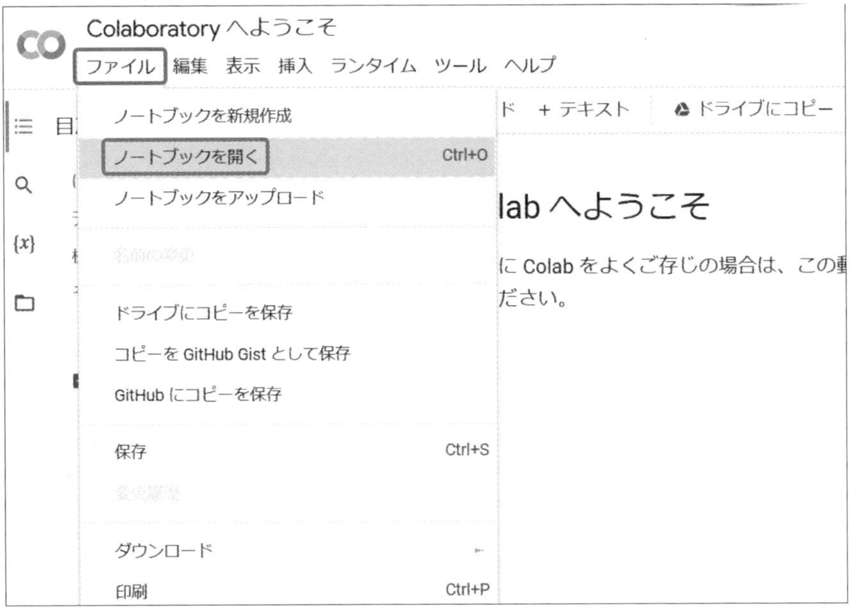

図 4.1　ノートブックを開く

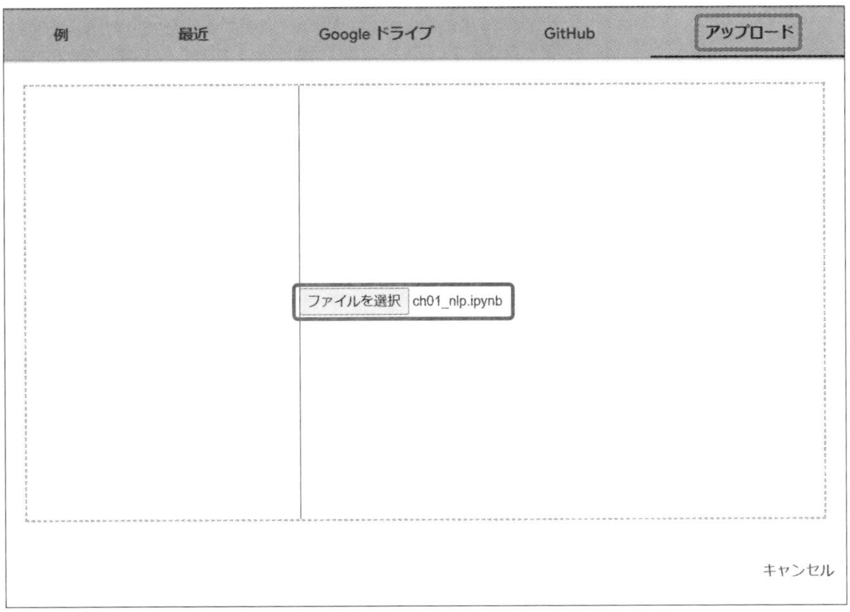

図 4.2　ファイルのアップロード画面

アップロード画面です。自分のコンピュータ上のファイルを取り込む際には、画面右上にある「アップロード」タブの「ファイルを選択」から、対象のノートブック（ipynb ファイル）を選択してください。

同様の方法で、Googleドライブや GitHub に存在するファイルも取り込めます。この方法でアップロードされたファイルはGoogleドライブに保存もできますので、自分の書いたコードの共有も容易になります。

それでは、本書サンプルコードの中にある ch04-02 のノートブックを Colaboratory に取り込み、1 行目にアクセスしてみてください。

●ログインとセルの実行

基本的な操作について説明します。画面右肩にあるログインボタン（図 4.3 の①）から、自分の Google アカウントにログインしてください。

図 4.3 の②は最初のセルの実行ボタンです。これをクリックして、早速実行してみましょう。なお、セル内にカーソルがある場合には、Shift + Enter キーでも実行できます。

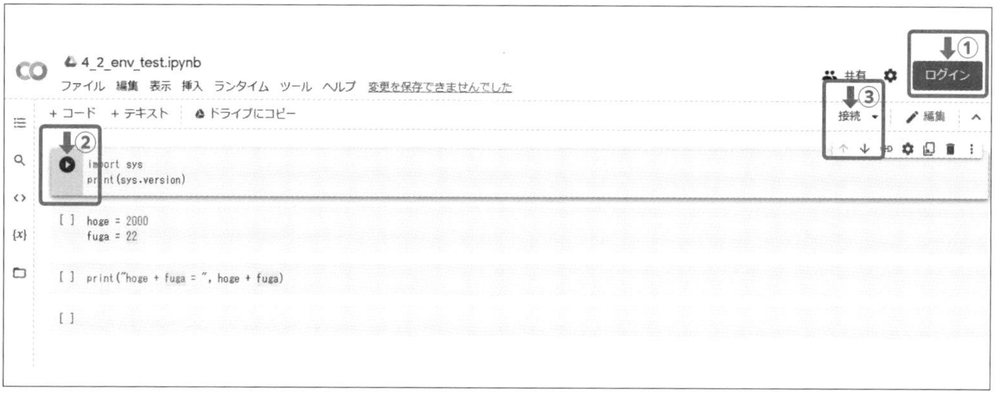

図 4.3　Colaboratory のテストノートブック

セルを実行して数秒間待つと、画面右上③の表示が「接続」から「現在のメモリとディスクの使用率」に変わります。これにより、Colaboratory と正常に接続できていることが分かります。

続いて、3 番目のセルまで実行してみましょう。

3 番目のセルまで実行した結果、図 4.4 のように、それぞれのセルの左側に緑色のチェックマークが入り、実行ボタンがあった場所には数字が表示されるようになりました。これらは、そのセルが無事に実行されたことと、そのセルが実行された順番（ノートブック形式のファイル、Colaboratory 起動時からの通し番号）を示しています。また、1 番目と 3 番目のセルの下の太枠内に表示されている文字列は、それぞれのセルの print 関数の出力結果です。

Colaboratory ではこのように、セル単位に処理を実行し、適宜途中結果を確認しながら、開発していきます。

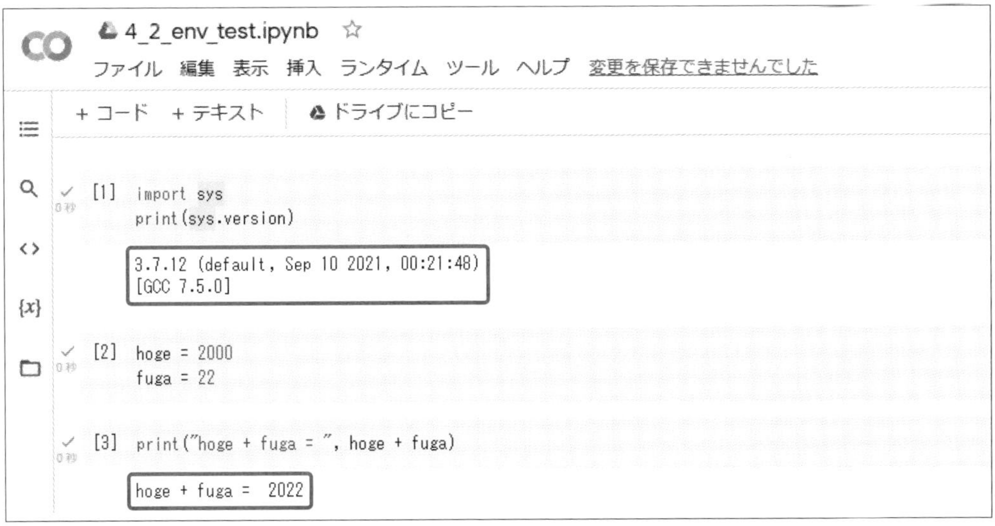

図 4.4 3 つのセルの実行後

● GPU の設定

続いて、開発作業の効率をアップする便利な機能をいくつか紹介します。まず、BERT を利用する上で欠かせない GPU の設定です。

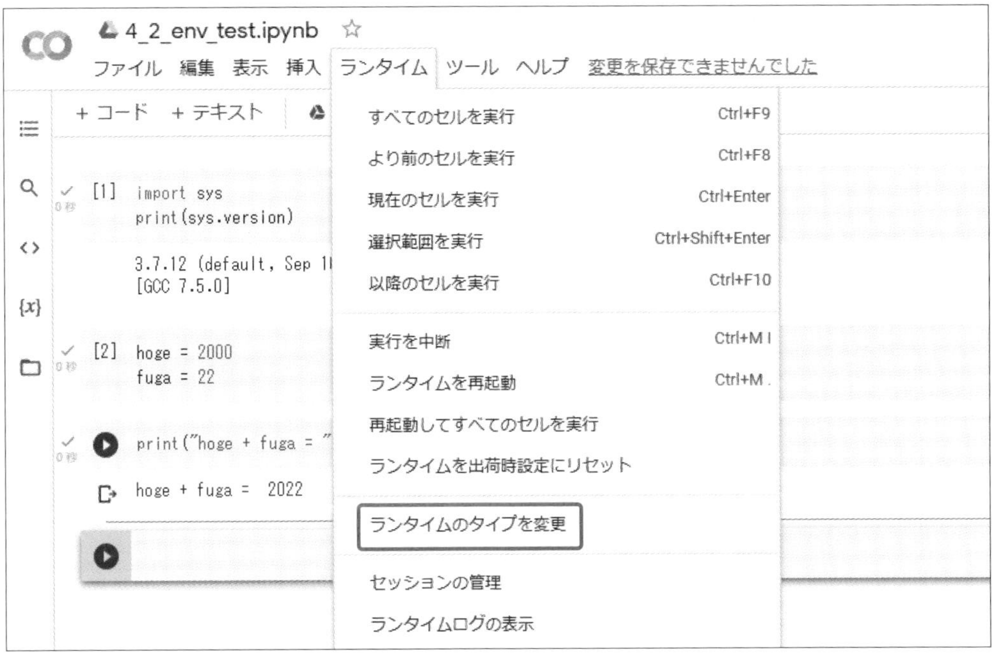

図 4.5 ランタイムのタイプ変更

図4.5のように、ランタイムタブから「ランタイムのタイプの変更」をクリックしてください。このノートブックでは現在、「ハードウェアアクセラレータ」のプルダウンではGPUが選択されています。これは事前にGPUを利用するよう設定していたためです。このように、ノートブックごとにGPU利用の有無を設定し、保存しておけるので、BERTの学習などを行うようなノートブックには設定しておくとよいでしょう。

なお、「ハードウェアアクセラレータ」のデフォルトの設定は「None」です。Colaboratoryの GPU利用には上限があるので、GPUを利用しない場合はこのプルダウンをNoneに設定しておきます。また、Google社独自のTPU（Tensor Processing Unit）という高速プロセッサも選択できますが、本書では割愛します。

●様々な便利機能

続いて、「サイドパネル」の機能を紹介します。この変数機能では、実行中のノートブックで定義された変数の名前やデータ型、値を確認することができます。図4.6の例では、2番目のセルで定義したhogeという変数とfugaという変数のデータ型や値が表示されています。開発中のデバッグに大いに役に立ちますので、ぜひ利用してください。

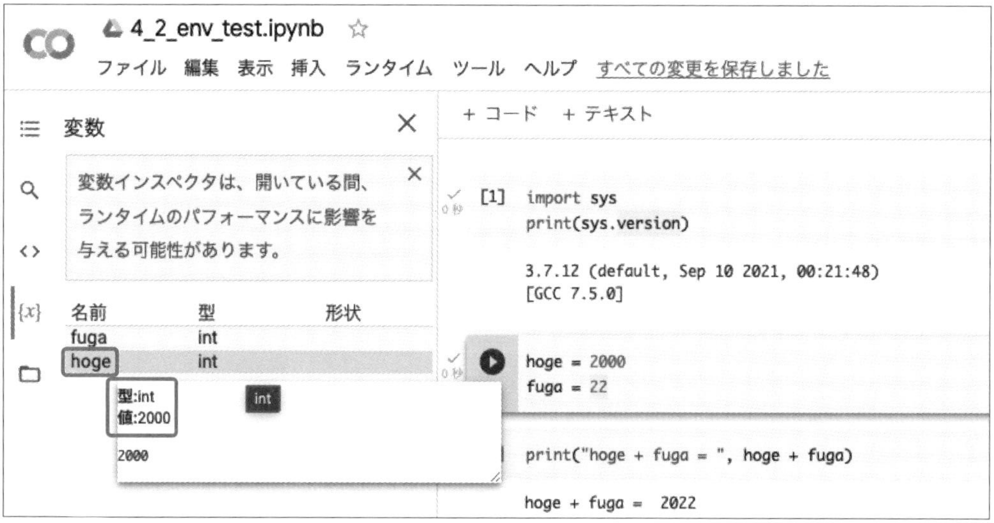

図4.6　変数

「コードスニペット」では、事前に入力された便利なコードのまとまりを、そのまま利用できます。図4.7は、Google Sheetsに直接データを保存できるコードスニペットで、「挿入」を押すと、カーソルのあるセルの直下にコードのまとまりが書き込まれます。

Googleドライブとの接続も可能です（図4.8）。「ドライブをマウント」のアイコンを押すと、

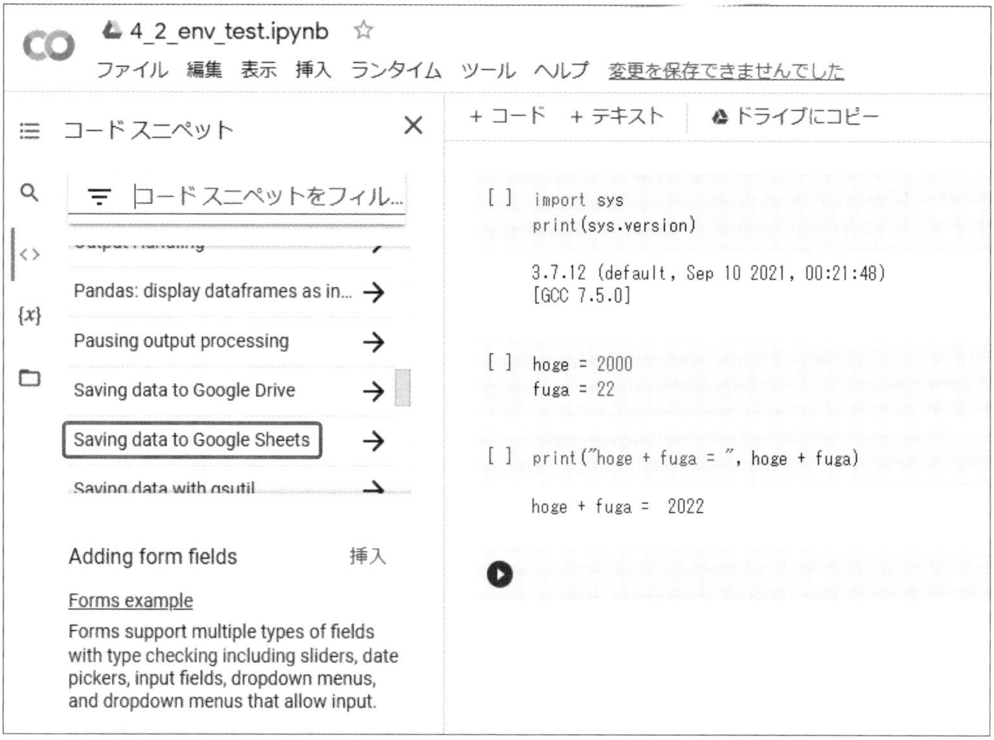

図 4.7　コードスニペット

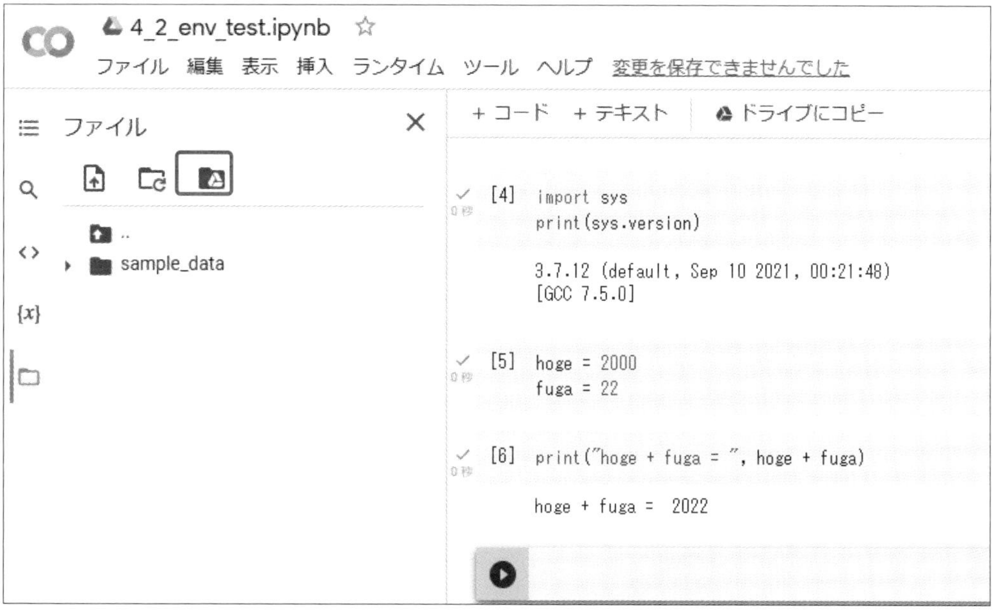

図 4.8　Google ドライブとの接続

このディレクトリに対し、現在ログイン中のGmailアカウントのGoogleドライブがマウントされます。その結果、ここからGoogleドライブへ出力データを直接保存したり、Googleドライブのデータを読み込んだりすることができるようになります。

最後に「セル」や「テキスト」の機能について簡単に紹介します。

Colaboratoryのセル内の一部をコメントすることができます。所望の1行にカーソルを置くか

図4.9　コメントアウトとターミナルのコマンドの実行

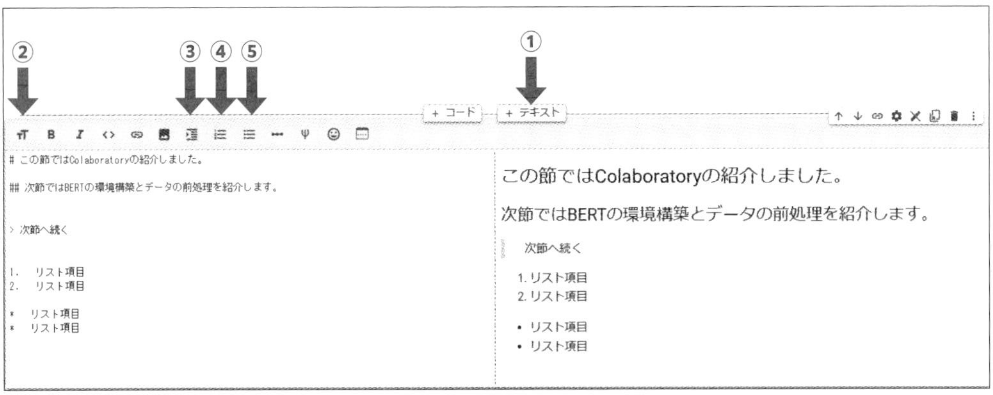

図4.10　テキストセル

複数行を選択した状態で、Windowsの場合は「Ctrl + /」、Macの場合は「Command + /」でコメントすることができます（図4.9①）。また、セルはPythonを実行するためのものですが、エクスクラメーションマーク「!」を行頭の文字にすることで、Linuxターミナルのコマンドを実行することができます。

図4.9の左下②では、例として、このマシンのOSの情報とPyTorch[1]のバージョンを確認しています。Pythonの出力同様、ターミナルの標準出力もセル直下に表示されます。

テキスト機能は全体を見やすくするのに重宝します。図4.10で①の「＋テキスト」ボタンを押下すると、左右に分かれたテキストエリアが表示されます。この左側はマークダウン形式のエディタで、右側はその出力結果のプレビューになっています。また、マークダウン記法に不慣れな人でも、エディタ上のボタンを押すことで容易にきれいなテキストを作成できます。よく使用する例として図4.10②から⑤までのボタンがあり、それぞれ見出し設定、引用、番号付きリスト項目、箇条書きリスト項目がカーソルの行に挿入されます。

以上のような便利な機能を積極的に利用しながら、効率的に開発を進めていきましょう。

1 Pythonの機械学習ライブラリ。Facebookが開発し、BSDライセンスによりオープンソースとして公開されました。HuggingFaceのTransformersを含め、多くのディープラーニングソフトの構築に利用されています。

4.3 環境構築とデータセットの準備

本節ではColaboratory上でBERTを実行するための環境構築と、以降の章で利用するデータセットの準備について紹介します。

4.3.1 環境構築

前節でも紹介したとおり、Colaboratoryには様々なライブラリが事前にインストールされています。しかしながら、BERTを実行するためのライブラリは、デフォルトではインストールされていません。そのため、本節ではまずこのセットアップを行います。

BERTを利用するための、最も有名なライブラリの一つであるHugging Face社の「Transformers」を利用します。同社はTransformersをはじめとするPythonのライブラリや、BERTなどの事前学習済みモデル、公開データセットなどを集約したオープンソースのプラットフォームを提供しています。同社のプラットフォームは、Transformerベースのモデルを利用する開発者のデファクトスタンダードであり、最新の事前学習済みモデルやデータセットが公開さ

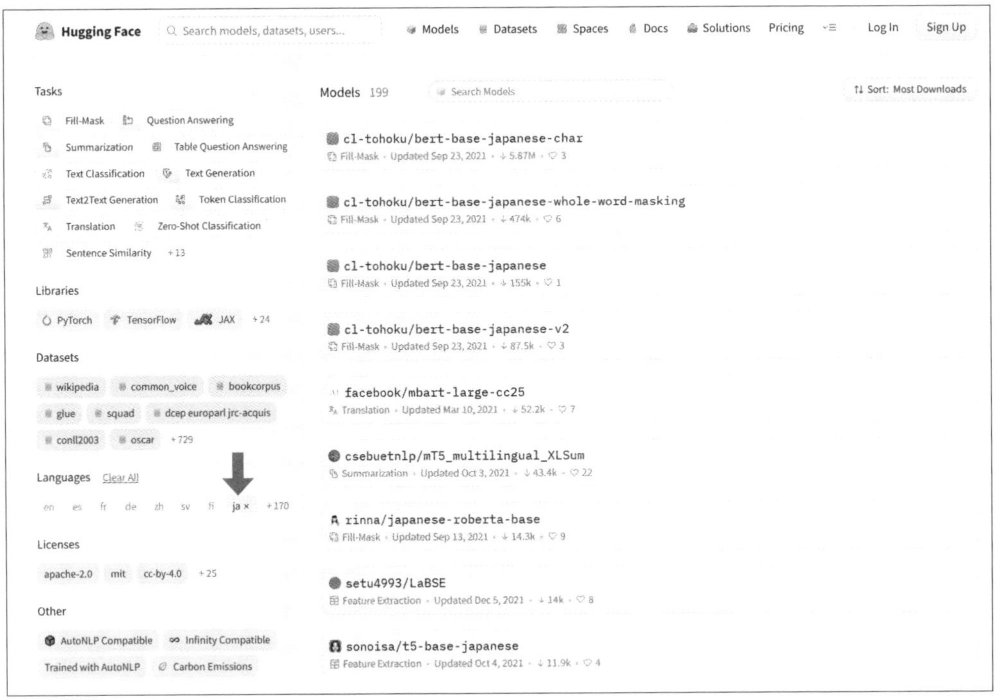

図 4.11　Hugging Faceの事前学習済みモデル（言語の絞り込み）

れています。音声系や画像認識系のモデルも徐々に増えてきていますが、Transformerが自然言語処理の分野で発展したアーキテクチャということもあり、自然言語処理分野の前学習済みモデルやデータセットが最も充実しています。

Hugging Face社のサイトでは、各国・各地方の言語ごとに利用可能な事前学習済みモデルが整理されているので、所望の言語ごとにモデルを比較・選択でき、とても便利です。そのほかにも、タスクごとやライブラリごと、データセットごとなどでも絞り込むことができます。

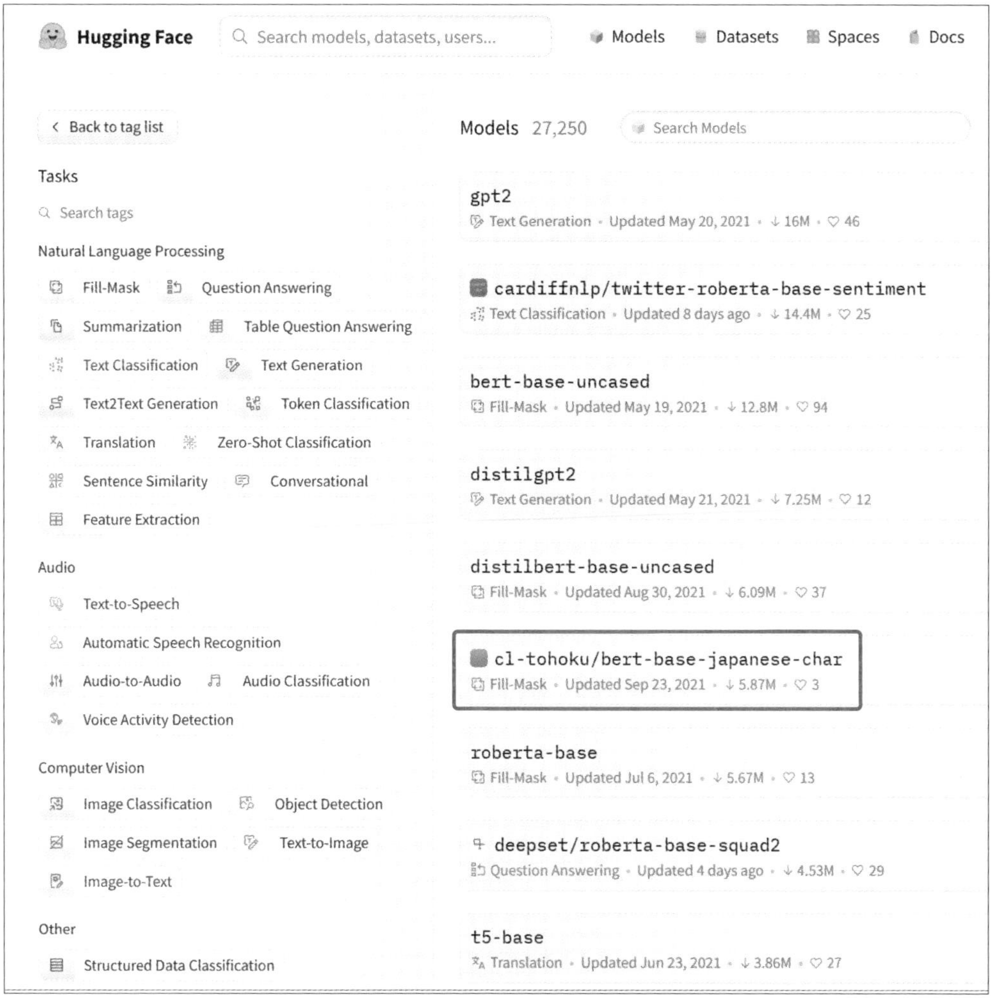

図4.12　Hugging Faceの事前学習済みモデル（タスクによる絞り込み）

本書では、東北大学の乾研究室がHugging Face上で公開している「cl-tohoku/bert-base-japanese-whole-word-masking」というモデルを利用させていただきます。

それでは、実際にColaboratoryにTransformersをインストールして、実際に日本語版BERTを実行してみましょう。まずは本書サンプルコードch04-03のノートブックをColaboratoryに取り込み、1番目のセルに記載されている以下のコードを実行してください。

```
!pip install transformers[ja]==4.10.1
```

出力結果の最下部に「Successfully installed …」と表示され、fugashi、huggingface-hub、ipadicなどのライブラリがインストールされていることが分かります。

続いて、インストールできたことを確認する意味で、以下のコードで実際にtransformersを実行してみましょう。

```
from transformers import pipeline

print(pipeline(model='cl-tohoku/bert-base-japanese-whole-word-masking',
               task='sentiment-analysis')('私は味噌汁が大好きです'))
```

正常にインストールできていれば、出力結果に「'label'」と「'score'」がそれぞれ表示されます。

4.3.2 データの準備

続いて、以降の章で利用するデータセットの準備を行います。本書では、「livedoorニュースコーパス」[2]を使用します。これはオープンデータの無料データセットであり、自然言語処理の実験でよく用いられます。本コーパスにはニュースやスポーツなど9種類のカテゴリの記事約7000件のタイトルと本文が収録されています。

それでは、Colaboratoryにデータセットをダウンロードしましょう。データセットをGoogleドライブに保存するので、まずはGoogleドライブをColaboratoryにマウントします。図4.8に示したフォルダのアイコンをクリックしてください。Googleドライブのファイルへのアクセスの許可が求められるので、「Googleドライブに接続」をクリックしてください。

すると、sample_dataのフォルダの上に「drive」というフォルダが表示されます。このdrive直下のMyDriveフォルダ内のファイル構造は、当該GmailアカウントのGoogleドライブになっていますので、適宜新しいフォルダを作成してください。本書の例では、MyDrive直下に「bert」というフォルダを作成し、さらに「raw_data」というフォルダを作成して、そこにlivedoorニュースコーパスを解凍します。以下のコードを実行してください。

2 詳細は5章5.2節のコラムを参照してください。livedoorニュースコーパス：https://www.rondhuit.com/download.html

```
# データ保存先を作成します
!mkdir -p /content/drive/MyDrive/bert/raw_data
```

```
# 作成したフォルダへ移動します
from os import chdir as cd
cd("/content/drive/MyDrive/bert/raw_data")

# カレントディレクトリを確認します
!pwd
```

```
# tar.gz形式のデータをダウンロードします
import urllib.request

dataset_url = "https://www.rondhuit.com/download/ldcc-20140209.tar.gz"
urllib.request.urlretrieve(dataset_url, "ldcc-20140209.tar.gz")
```

```
# tar.gzファイルを解凍します
!tar -zxvf ldcc-20140209.tar.gz

# また、不要な圧縮ファイルは削除します
!rm ldcc-20140209.tar.gz
```

```
# 解凍したデータを確認しましょう
!ls -lh /content/drive/MyDrive/bert/raw_data/text
```

最後の ls -lh のコマンドで、各カテゴリのフォルダと CHANGES.txt と README.txt が確認できると思います。

これで BERT を実行するための準備と、データセットの準備が完了しました。

4.3.3 便利サイト

本項では自然言語処理を行う上で知っていると便利なサイトを紹介していきます。これには以下のようなものがあります。

- 自然言語処理学習サイト
- 正規表現チェックツール

昨今はディープラーニング系の技術が広く使われるようになってはいますが、テキストデータの前処理などでは、第1章で紹介したような正規表現も、依然として利用価値が高いと言えます。しかし、目標どおりに正しく正規表現を記述するためには、しばしば試行錯誤が必要となります。そのようなときに便利なのが正規表現のチェックツールです。オンラインで正規表現をチェックできるサービスが多数公開されています。

一例として、まず「pythex」というサイトを紹介します。

● pythex [https://pythex.org/]

図 4.13　pythex のトップページ

この画面上部の「Your regular expression:」エリアに正規表現を記入し、中央の「Your test string:」エリアにチェック対象のテキストを入力すると、正規表現にマッチした文字列が緑色でハイライト表示されます。

また、ページ下部の「Regular expression cheatsheet」ボタンをクリックすると、正規表現の記載方法が表示されます。ここで取得したい文字列をうまく表す正規表現を試行することで、効率的に正規表現を作成できます。

● Debuggex [https://www.debuggex.com/]

もう1つの例として、「Debuggex」というサイトを紹介します。

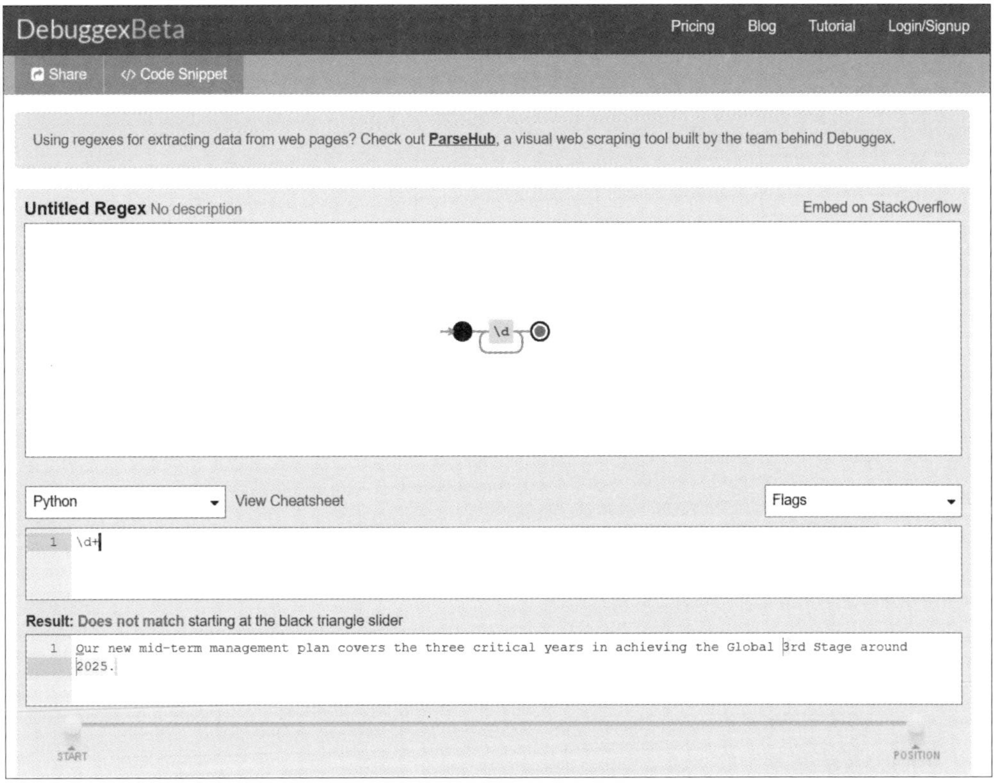

図 4.14　Debuggex のトップページ

基本的な機能は pythex と同様なのですが、こちらは正規表現のロジックを可視化する機能もあり、複雑な表現を作成する場合の助けになります。ただし、日本語を扱おうとすると、挙動がおかしくなってしまうのが残念な点ではあります。

● Papers With Code［https://paperswithcode.com/］

近年は、「Google Scholar」[2]や「arXiv」[3]などで論文を検索できますし、論文の中身を閲覧できるサイトも多数あります。一方、本書読者の大多数の興味は、コードが公開されていて、気軽に試せる実装にあると思います。

そういったときは、「Papers With Code」を利用してみてください。このサイトには、コードが公開されている論文が掲載されており、タスクごとにSota（Stat-of-the-Art：最良結果の手法）を確認することができます。

それでは実際に、自然言語処理のコード付き手法を見つけてみます。ただし以下は、2022年1月の執筆時点の操作法です。

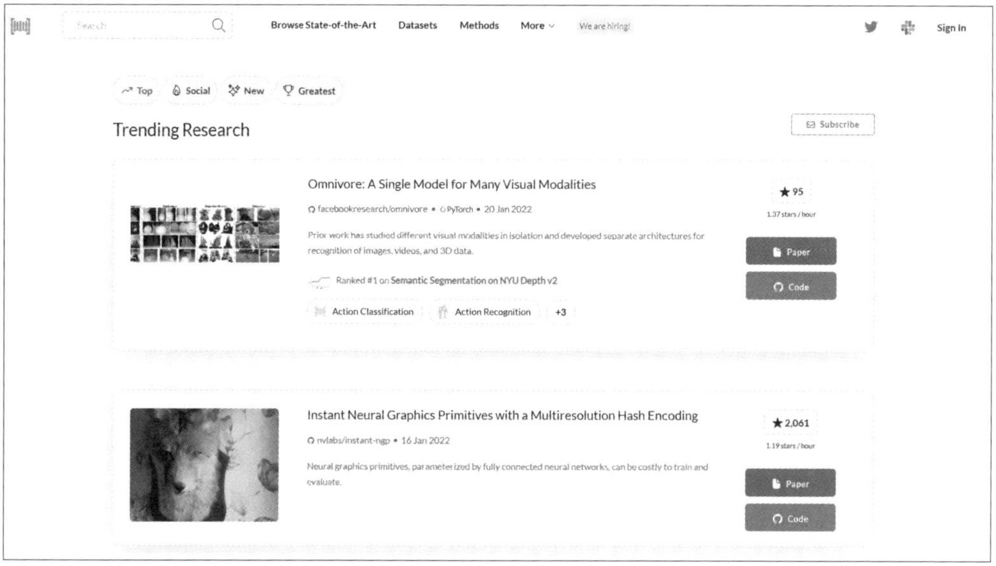

図4.15　Paper With Codeのトップページ

まずはサイトのトップページ（https://paperswithcode.com/）左上のSearch欄に「text classification」と入力し、検索を行います。

すると、「Text Classification」タスクの概要が上部に表示され、その下の「Benchmarks」エリアにデータセットの種類、そのデータセットに対する最良の手法の名前、論文、コードへのリンクが提示されます。上記画面例の場合は、AG Newsデータセット[4]について、XLNetが最良手法となっています。

2　https://scholar.google.com/
3　https://arxiv.org/
4　文書分類のベンチマークとしてよく利用されるデータセットの一つです。
http://groups.di.unipi.it/~gulli/AG_corpus_of_news_articles.html

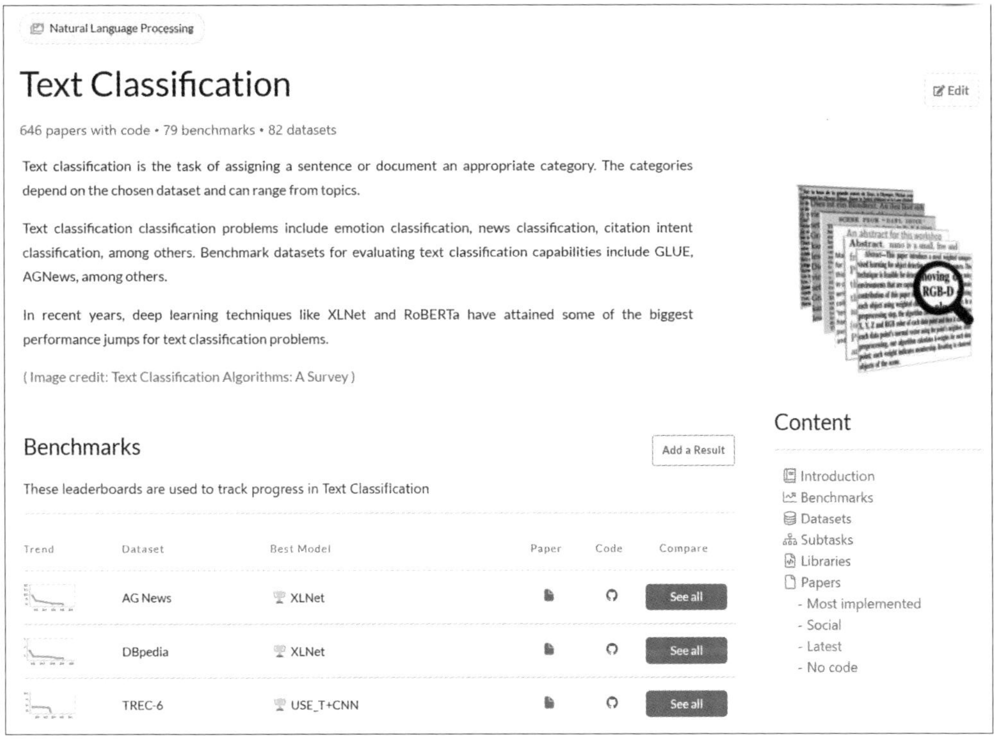

図 4.16　テキスト分類タスクのページ

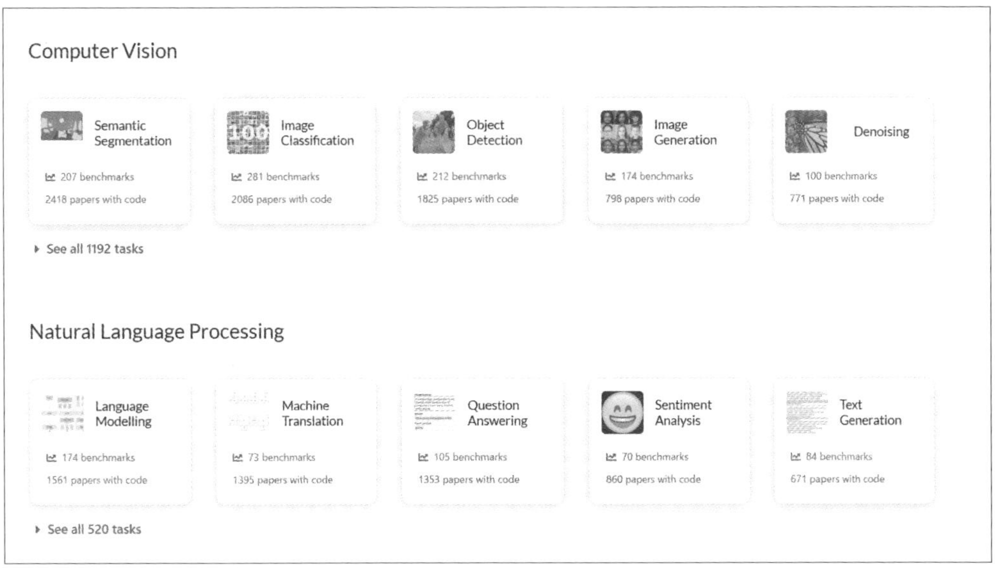

図 4.17　各分野のタスク一覧

このように、自分の解きたいタスクに関して、よい性能を達成している論文や実装を簡単に検索することができます。また、どのようなタスクがあるのかを知るのにも役立ちます。同じくトップページから「Browse　State-of-the-Art」をクリックし、その後「Natural Lan-guage Processing」項目の「See all 520 tasks」をクリックすると、自然言語処理に関する様々なタスクやデータセットを確認できます。

●自然言語処理 100 本ノック [https://nlp100.github.io/ja/]

従来から行われている言語処理の紹介や練習は本書でも行っていますが、扱えていない領域が多々あります。「言語処理 100 本ノック」は東北大学や東京工業大学で構想・制作され、何回かの改正を経て、現在の形に落ち着いています。

このサイトでは、基本的なコマンドの操作から、正規表現の練習、係り受け解析などの言語処理、分散表現や RNN と、様々な内容を扱っていますし、実用的なライブラリやコマンドの使い方も学ぶことができます。すべて理解し実践することで、言語処理はもちろん機械学習に関してもかなりの力が身につきます。Web アプリの構築など実践的な内容も含んでおり、問題を解きながら学びたい方にはお勧めのコンテンツです。

図 4.18　100 本ノックのトップページ

第5章 代表タスクを通じて理解する

本章では、クラス分類や情報抽出などの代表的なタスクを通じて、BERTを実務に適用する際の手法や実装例を紹介します。オープンデータのデータセットを利用しながら、BERTモデルの構築方法や評価方法を解説します。また、ソースコードの重要な部分を本文中で解説するとともに、ソースコードをダウンロードして実際の動作を確認できるようにしています。

5.1 BERTの代表的な使われ方

BERTの事前学習モデルは「文脈に応じて単語や文を特徴量（ベクトル）化する仕組み」と捉えることもできます。しかし、ベクトル情報のままでは、人間の役に立つように活用するのは困難です。BERTを活用するためには、事前学習モデルを分類や情報抽出などのタスクに落とし込み、そのようなタスクを解くモデルへと作り変える必要があります。

BERTの出力ベクトルを利用するための代表的な方法には「fine-tuning」[1]と「feature-based」の2つがあります。

● fine-tuning

BERTのニューラルネットワーク構造をタスクに合わせて変更し、データセットを用いてネットワーク全体を再学習するアプローチです。BERTの事前学習モデルに新たなレイヤを追加し、モデル全体の重みパラメータをタスクに合わせて更新し、再学習することで実現します。

メリットは、汎用的な言語モデルである事前学習部分を含めてタスクに合わせた最適化を行うので、多くのタスクで高精度が期待できることです。また、transformersなど多くのライブラリでは、代表的なタスクごとにfine-tuning用モデルが実装されているので、実装の手間が少なくて済みます。

デメリットは、学習時の計算コストが大きいことです。GPUなどの並列計算に特化したハードウェアを用いないと、多くの場合、学習に長い時間がかかってしまいます。対策としては、事前学習モデルの重みパラメータの一部を固定することで、ある程度計算コストを低減できます。なお、全ての重みパラメータを固定した場合は、feature-basedなアプローチになると言えるでしょう。

● feature-based

BERTの持つベクトル情報を、別の機械学習モデルへの入力とするアプローチです。BERT事前学習モデルの出力するベクトル情報を、サポートベクタマシンや勾配ブースティングモデルなどに入力し、追加した機械学習モデルのみデータセットを用いて学習することで実現します。

メリットは、追加する機械学習モデルが得意とするタスクの場合に高い精度を期待できること、また、学習時の計算コストが比較的小さいことです。

デメリットは、タスクごとに適した機械学習モデルを選定する必要があり、機械学習に関する幅広い知識が求められること、また、追加する機械学習モデルごとに個別の実装を行う必要があることです。

1　2章の2.2節や3章の3.3節、本章の5.2.3項以降では「ファインチューニング」とカタカナ表記している仕組みのことです。

単にBERTを試行するだけなら、fine-tuningアプローチを採用する方が、短期間で高い精度を期待できます。feature-basedアプローチを採用するのは、タスクに適している機械学習アルゴリズムが明白な場合や、計算リソースに制約がありfine-tuningが難しいときなど、明確な理由がある場合に限るべきだと筆者は考えます。

このため本書では、断りのない限りfine-tuningアプローチで検証を行います。

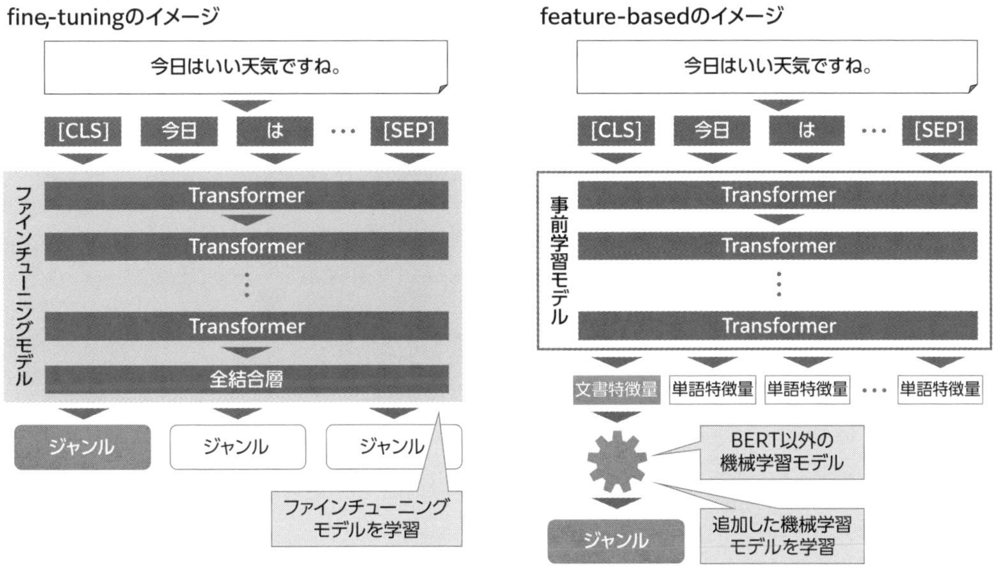

図 5.1　文書分類での fine-tuning と feature-based のイメージ

5.2 文書分類タスク

5.2.1 タスクの説明

文書分類とは、入力された文書が、あらかじめ定められたジャンルの内どれに該当するかを推定するタスクです（図 5.2）。

これには、例えば文書の内容がネガティブかポジティブかを推定するような「2 値分類タスク」と、ニュース内容のジャンルを推定する「多値分類タスク」などがあります。本書では 2 値文書分類と多値文書分類をまとめて「文書分類」と呼ぶことにします。

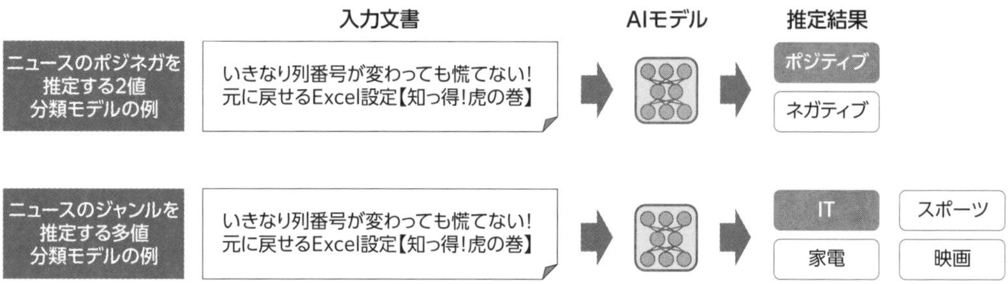

図 5.2 文書分類の例

本書の検証用文書分類タスクでは、入力文書（Web サイトの記事）が属しているカテゴリを推定するための AI モデルを作成します。本タスクでは、9 つの Web サイトに掲載されている記事を集め、それぞれのタイトルや本文などの文字情報のみから、その記事がどこのサイトにあったものかを当てるタスクです。Web サイトの傾向や主な記載テーマを便宜上カテゴリとしています。入力文書として「タイトルのみ」と「タイトル＋本文」の 2 種類を用意し、モデルによる推定結果の精度の違いを見てみます。

Column livedoorニュースコーパスとは?

本書では文書分類の実験に「livedoor ニュースコーパス」[2] を使用します。livedoor ニュースコーパスはオープンデータの無料データセットであり、自然言語処理の実験でよく用いられます。

本コーパスにはトピックスや映画、家電、スポーツなどの 9 種類のカテゴリのニュース記事約 7000 件のタイトルと本文が収録されています（図 5.3）。

2 livedoor ニュースコーパス：https://www.rondhuit.com/download.html

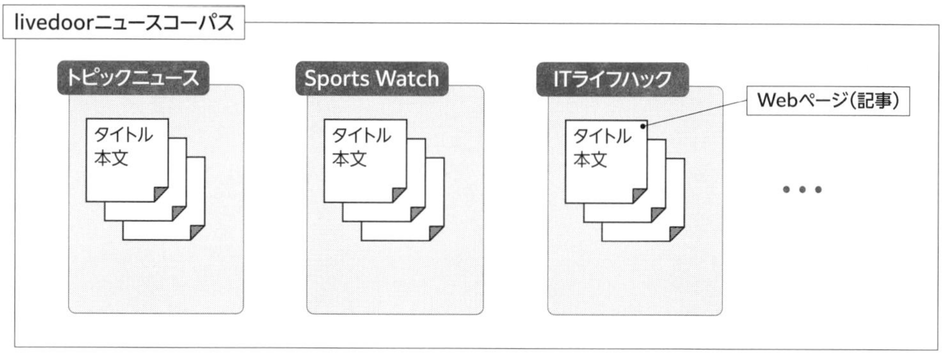

図 5.3 livedoor ニュースコーパスの構成

5.2.2 Bag of Wordsでの実験

本項ではBERTとの比較のために、古典的手法の1つであるBag of Words（以下BoW、2章2.1節参照）を用いて、Webページのカテゴリ分類を行います。

一般にクラス分類タスクでは、多くの場合、入力データを特徴量（ベクトル）に変換する前処理と、特徴量が属するクラスを推定する処理を組み合わせて、クラス分類モデルを構築します。これに倣い本検証では、BoWを用いて入力テキストを特徴量化し、LightGBMを用いてクラス推定を行います。LightGBMはKaggle[3]などの公開競技コンペティションでもよく用いられる高性能なクラス分類手法です。

また、BoWのトークンとして、最も基本的なやり方である単語を採用します。トークンの候補としてはほかに、n-gram（コラム参照）などを用いることもあります。

Column n-gramについて

通常、自然言語処理におけるデータの最小単位は、単語単位や文字単位とします。一方、この単語や文字をn個連結したものを最小単位として扱う方法があり、その最小単位を「n-gram」と呼びます。n=1の場合（1-gram：ユニグラム）には、単語や文字それ自身を指します。

例えば、n=2の単語単位のn-gram（2-gram：バイグラム）では、下記のように最小単位を分割します。

テキスト：私は昨日東京タワーへ行きました。
単語分割：私 / は / 昨日 / 東京 / タワー / へ / 行き / まし / た / 。
2-gram：私は / は昨日 / 昨日東京 / 東京タワー / タワーへ / へ行き / 行きまし / ました / た。

3 データ分析のモデル構築を世界の参加者が競い合う著名な公開コンペの人気サイト、およびプラットフォームの名称です。
https://www.kaggle.com/

nが2以上のn-gramを用いると、BoWにおいて、単語の文脈上での使われ方をある程度活用できる、というメリットがあります。例えば、「私は」と「私に」を別のものとして扱うことができます。一方で最小単位のバリエーションが（n乗オーダーで）爆発的に増加するため、モデルの学習に必要なデータ量の増加や、データ推論時に未知語が頻出するなどのデメリットもあります。

なお、n-gram単位でBoWの処理をする手法を「bag-of-n-grams」ともいいます。

前述のクラス分類モデルを学習した結果、テストデータについての分類精度は以下のようになりました。

表 5.1　BoWに対するLightGBMによる分類精度

指　標	精　度
Accuracy（正解率）	0.814
precision（適合率）	0.806
recall（再現率）	0.800
f1（F値）	0.802

また、confusion matrixは以下のようになりました。

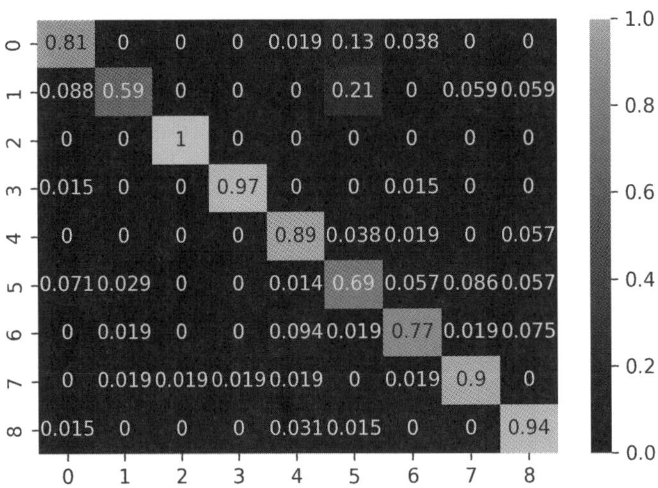

図 5.4　分類精度の詳細分析（confusion matrix）

カテゴリ番号と、カテゴリを表す Web サイトの対応付けは以下のとおりです。

表 5.2　カテゴリ番号と Web サイトのカテゴリ

番　号	Web サイト	データセット中のラベル
0	独女通信	dokujo-tsushin
1	livedoor HOMME	livedoor-homme
2	家電チャンネル	kaden-channel
3	エスマックス	smax
4	トピックニュース	topic-news
5	Peachy	peachy
6	MOVIE ENTER	movie-enter
7	IT ライフハック	it-life-hack
8	Sports Watch	sports-watch

ここまでの結果をベースラインとして踏まえ、次項では BERT による検証を行います。

5.2.3　BERTでの実験

本項では BERT を用いて、Web ページのカテゴリ分類を行います。

深層学習以前の手法では、多くの場合、特徴量を抽出する処理と、特徴量を用いて分類を行う処理とで、モデルが分かれていました。しかし、BERT を含む深層学習モデルでは、多くの場合、これらを 1 つの処理として行います。

BERT では、事前学習済みの言語モデルを、特徴量抽出処理と見なすことができます。しかし主流なのは、クラス分類を行う際は 1 層のパーセプトロンを分類処理として追加し、モデル全体をファインチューニングする方法です。例外的に、言語モデル部分の全部や一部の重みパラメータを固定して、ファインチューニングを行うこともあります。その狙いは、ファインチューニング時の計算量削減や、学習データが少ないことによる過学習を低減するためです。

ここでは、BERT 分類モデル全体のパラメータをファインチューニングする方式で、検証を進めます。まずは BERT に関わるところを中心にして、処理の流れをかいつまんで説明します。

●ライブラリの導入

Huggingface 社の transformers ライブラリをインストールします。このライブラリはアップデートが早く、下方互換性が保たれない機能も多いので、バージョンを指定して導入します。以下、特に説明のない場合、Python のクラス名などは transformers に属します。

```
!pip install transformers[ja]==4.10.1
```

●トークナイザの定義

Tokenizerのインスタンスを作成します。Tokenizerはモデルごとに定義されており、入力テキストのトークン分割・結合は全てTokenizerを介して行います。以下では本書で用いる東北大BERT[4]のTokenizerを作成し、サンプルデータで実行しています。

リスト5.1：Tokenizerインスタンスの作成

```
from transformers import BertJapaneseTokenizer
tokenizer = BertJapaneseTokenizer.from_pretrained('cl-tohoku/bert-base-⤶
japanese-whole-word-masking')
tokenizer.tokenize('今日はいい天気ですね。')
```

```
['今日', 'は', 'いい', '天気', 'です', 'ね', '。']
```

●データセットの整形

データセットの処理はtorchtextを用いて行います。ここでは、torchtextのデータセットを扱うクラスであるIteratorに合わせてデータセットを変換します。なお、ここでは記載しませんが、別の手法としてPyTorch（4章4.2節末の脚注参照）のDatasetクラスを使う方法も一般的です。

リスト5.2：torchtextを使ったデータセットの成形

```
from torchtext.legacy import data

TEXT = data.Field(sequential=True,
                  to-kenize=(lambda x: tokenizer.encode(x, return_⤶
                  tensors='pt')[0]), \
                  use_vocab=False, \
                  batch_first=True, \
                  include_lengths=True, \
                  pad_token=0 \
                  )
LABEL = data.Field(sequential=False, \
                  use_vocab=False \
                  )
```

4 東北大学 乾研究室（乾健太郎教授）の「日本語BERTモデル（cl-tohoku/bert-Japanese）」。東北大学東北NLPグループ（ http://www.nlp.ecei.tohoku.ac.jp/）よりApacheライセンス2.0にて公開されました。
https://github.com/cl-tohoku/bert-japanese

```
ds_train, ds_dev, ds_test = data.TabularDataset.splits( \
      path='title_dataset/', \
      train='train.tsv', \
      validation='dev.tsv', \
      test = 'test.tsv', \
      format='tsv', \
      fields=[('Label', LABEL), ('Text', TEXT)] \
      )

dl_train = data.Iterator(ds_train, batch_size=batch_size, train=True)
dl_dev = data.Iterator(ds_dev, batch_size=batch_size, train=False, ⏎
sort=False)
dl_test = data.Iterator(ds_test, batch_size=batch_size, train=False, ⏎
sort=False)
```

● BERTモデルの定義

BERTモデルを定義します。ここではBertForSequenceClassificationというクラス分類用のラッパークラスを用いることにします。transformersには、クラス分類や固有表現抽出などの一般的なタスク向けに、予めBERTモデルに対応したラッパークラスが用意されています。これらを利用すれば、共通的な処理を隠蔽し、記述するコードの量を削減できます。

リスト5.3：BERTモデルの定義

```
from transformers import BertForSequenceClassification

model = BertForSequenceClassification.from_pretrained( \
      'cl-tohoku/bert-base-japanese-whole-word-masking', \
      num_labels=len(label2id), \
      output_attentions = False, \
      output_hidden_states = False \
)
```

● BERTモデルの学習

BERTモデルの学習を行います。初回なので、ここでは学習の流れを詳細に記述していますが、PyTorchの機能を用いてさらに隠蔽することも可能です。より隠蔽したコード例は、次節の固有表現抽出のコードを参照してください。

また、精度の算出には、機械学習用のライブラリであるsklearnを用います。

リスト 5.4：BERT モデルの学習

```
from sklearn.metrics import accuracy_score, precision_score,⏎
recall_score, f1_score

def train_classification(dataloader_train, dataloader_dev, n_epoch=1):
    for e in range(n_epoch):
        model.train()
        train_loss = 0
        for batch in dataloader_train:
            b_input_ids = batch.Text[0].to(device)
            b_labels = batch.Label.to(device)
            optimizer.zero_grad()
            outputs = model(b_input_ids)
            loss = F.cross_entropy(outputs.logits, b_labels)
            loss.backward()      optimizer.step()
            train_loss += loss.item()

        model.eval()
        trues, preds = [], []
        for batch in dataloader_dev:
            b_input_ids = batch.Text[0].to(device)
            trues = np.concatenate([trues, batch.Label.numpy()])

            outputs = model(b_input_ids)
            out-puts = np.argmax(outputs[0].cpu().detach().numpy(),⏎
            axis=1)
            preds = np.concatenate([preds, outputs])

        print('精度    :{:.3f}'.format(accuracy_score(trues, preds)))
        print('適合率 :{:.3f}'.format(precision_score(trues, preds,⏎
        average='macro')))
        print('再現率 :{:.3f}'.format(recall_score(trues, preds,⏎
        average='macro')))
        print('f-1値   :{:.3f}'.format(f1_score(trues, preds,⏎
        average='macro')))

n_epoch = 1
train_classification(dl_train, dl_dev, n_epoch=n_epoch)
```

●テストデータの推論・評価

最後にテストデータに対する推論のコードを示します。

リスト 5.5：推論コード

```
model.eval()

trues, preds = [], []
for batch in dl_test:
    b_input_ids = batch.Text[0].to(device)
    trues = np.concatenate([trues, batch.Label.numpy()])

    outputs = model(b_input_ids)
    outputs = np.argmax(outputs[0].cpu().detach().numpy(), axis=1)
    preds = np.concatenate([preds, outputs])

print('精度   :{:.3f}'.format(accuracy_score(trues, preds)))
print('適合率 :{:.3f}'.format(precision_score(trues, preds, ⮐
average='macro')))
print('再現率 :{:.3f}'.format(recall_score(trues, preds, average='macro')))
print('f-1値  :{:.3f}'.format(f1_score(trues, preds, average='macro')))
```

ファインチューニングの結果、テストデータの分類精度は以下のようになりました。BoW による精度に比べて、全体的に向上していることが見て取れます。

表 5.3　ファインチューニング後の分類精度

指　標	精度（BERT）	精度（BoW）
Accuracy（正解率）	0.842	0.814
precision（適合率）	0.865	0.806
recall（再現率）	0.828	0.800
f1（F 値）	0.838	0.802

また、confusion matrixは以下のようになりました。

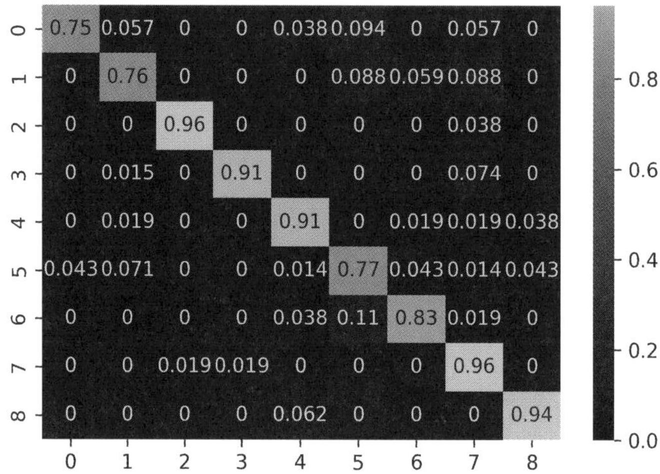

図5.5　分類精度の詳細分析(confusion matrix)

カテゴリ番号と、カテゴリを表すWebサイトの対応付けは先程と同じです。

次に、入力テキストを「タイトルのみ」から「タイトル＋本文」に変更して、検証を行ってみます。

ファインチューニングの結果、テストデータの分類精度は以下のようになりました。タイトルのみの入力よりも、本文を追加して入力したほうが精度が向上しています。

表5.4　ファインチューニング後の分類精度の比較精度

指　標	精度(BERT) タイトル＋本文	精度(BoW) タイトルのみ	精度(BoW) タイトルのみ
accuracy(正解率)	0.884	0.842	0.814
precision(適合率)	0.875	0.865	0.806
recall(再現率)	0.875	0.828	0.800
f1(F値)	0.873	0.838	0.802

また、confusion matrix は以下のようになりました。

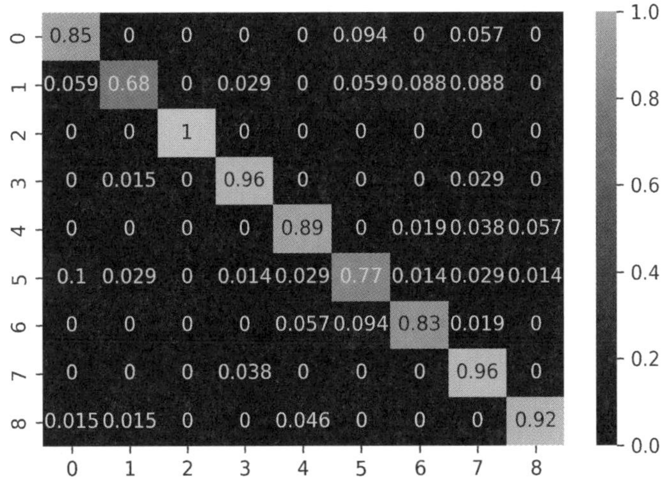

図 5.6 タイトル+本文モデルでの分類精度の詳細分析(confusion matrix)

なお、この検証では、入力トークン数の最大長を 256 トークンに設定しています。「タイトル+本文」でそれ以上の長さになる場合、256 トークン以降のデータは無視しています。

Column 入力データの長さ

BERT では事前学習モデルごとに、最大の入力長(トークンの数)が設定されています[5]。通常は 128 から 512 トークンが採用されることが多く、それ以上の長さのテキストを一度に処理することはできません。アルゴリズム上では入力長に上限はありませんが、入力長 n に対して計算量やメモリ消費量が O(n2) となるので、入力長を長くすることは現実的ではありません。

このため、BERT で長文を処理する場合は、一定の長さごとにテキストをスライドさせるなどの工夫が必要です。また、長文処理に対応するようアルゴリズムを改良した Longformer などの手法も提案されています。

5 BERT のアルゴリズム上は入力長に制約はありませんが、コンピューターリソースの制約から、事前学習時に最大値が決められます。このとき決まった最大入力長を利用時に超過することはできません。

Column クラス分類タスクでの評価指標の考え方

皆さんは「精度」と聞いて何を思い浮かべるでしょうか。最も自然に出てくるのが以下の式（1）ではないでしょうか。

$$\frac{\text{正解数}}{\text{データ数}} \tag{1}$$

これは、機械学習の分野では「Accuracy（正解率）」と呼ばれる指標です。

Accuracyでも AI モデルの良し悪しを測ることはできますが、うまく働かないケースがあります。例えば、健康状態などの入力から、珍しい病気に罹患しているかどうかを推定するタスクを考えます。簡単にするためテストデータの正解は、「罹患：1 名・非罹患：99 名」としましょう。

ここで、どのようなデータが来ても全て「非罹患」と出力する AI モデルがあったとします。この AI モデルに先のテストデータを適用してみると、式（2）のようになります。

$$\frac{\text{正解数：99}}{\text{データ数：100}} = 0.99 \tag{2}$$

Accuracy は「0」から「1」の範囲をとる指標なので、0.99 は一見高い数値（＝モデルの性能が良いよう）に見えます。しかし実際には、病気の検出をしたいのに絶対に検出しないモデルですから、何の役にも立ちません。

ここで挙げた例は極端に思えるかもしれませんが、「罹患：100 件・非罹患：9900」件のような、極端にデータ数にばらつきのあるデータで工夫無しに学習させると、上記のようなモデルが容易に作られてしまいます。このような問題を発見するために、機械学習分野でよく用いられる指標を 3 つ紹介します。

まずは「Precision（適合率）」と「Recall（再現率）」という２つの指標を紹介します。Precision は「モデルが正と推定したときの正確性」を測る指標です。Recall は「実際に正のデータを検出できる網羅性」を測る指標です。２つの定義は式（3）・式（4）のとおりです。以下のような表を仮定したとき、それぞれの値を TP・FP・FN・TN とします。カッコ内は上の例との対応付けです。

表 5.5　機械学習での正解の考え方

		真の正解	
		正（実際に罹患している）	負（実際には罹患していない）
モデルの推定	正（モデルが罹患と推定）	TP : True Positive (0)	FP : False Positive (0)
	負（モデルが非罹患と推定）	FN : False Negative (1)	TN : True Negative (99)

$$\text{Precision} = \frac{\text{TP}}{(\text{TP} + \text{FP})} \tag{3}$$

$$\text{Recall} = \frac{\text{TP}}{(\text{TP} + \text{FN})} \tag{4}$$

Precision・Recallともに0～1の範囲をとり、大きい方が良い指標です。
なお、この書き方でAccuracyは式(5)のように表されます。

$$\text{Accuracy} = \frac{(\text{TP} + \text{TN})}{(\text{TP} + \text{FP} + \text{FN} + \text{TN})} \tag{5}$$

先ほどの例に戻ると、以下の指標値となります。

$$\text{Precision} = 0$$
$$\text{Recall} = 0$$

これを見ることで、「このモデルはおかしい（性能が低い）」と、定量的に判断することができます。
以上のように、PrecisionとRecallを使うとモデルの大まかな傾向を把握できますが、1つの指標を用いてモデルの性能を測りたい場合も多くあります。そうしたときによく用いられる指標が「f1（f値）」です。f1はPrecisionとRecallの調和平均で、式(6)のように定義されます。

$$\text{f1} = \frac{2 * \text{Precision} * \text{Recall}}{(\text{Precision} + \text{Recall})} \tag{6}$$

f1も「0」から「1」の範囲をとり、大きい方が良い指標です。
ちなみに、先の例で全て「罹患」と出力するモデルの場合もPrecision (=0)とf1(=0)の値が低くなり、良くないモデルだということが分かります。

ここで紹介した指標はクラス分類タスクでよく用いられます。ほかにも様々な指標があり、タスクや目的に応じて最適な指標を選択する必要があります。

5.3 NER（固有表現抽出）タスク

5.3.1 タスクの説明

NER（Named Entity Recognition）は、入力文書の中にから人名・地名等の表現を抽出するタスクです。NERは「固有表現抽出」や、単に「情報抽出」と呼ばれることもあります。例えば図5.7は、文書の中から地名やイベント名を抽出するNERタスクの例です。

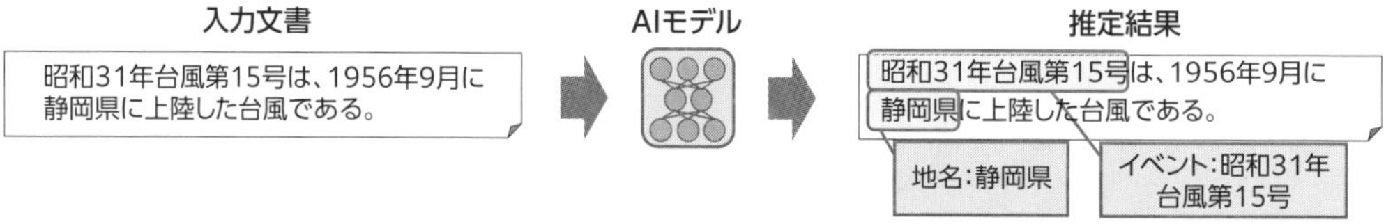

図5.7　NERタスクの例

本書の検証用NERタスクでは、日本語Wikipediaから抽出した文を入力文書として用い、そこから人名・地名・企業名など8種類のカテゴリに属する表現を抽出するためのAIモデル を作成します。また、作成したモデルによる推定結果の精度を見てみます。

Column　Wikipediaデータセット

本書ではNERの実験に、Wikipediaを用いた日本語の固有表現抽出データセット（以下Wikipediaデータセット）[6]を使用します。これは無料で使えるオープンデータセットです。

本データセットでは、Wikipediaから抜き出した文に対して、「人名」、「法人名」、「政治的組織名」、「その他の組織名」、「地名」、「施設名」、「製品名」、「イベント名」の8種類のフレーズがラベル付けされています。1件1文で約5300件の文が収録されており、全体の約10%が負例（抽出対象の表現が含まれていない文）となっています（図5.8）。

NERタスクでは、入力文書に必ずしも抽出対象となる表現が含まれているとは限らず、偏った学習を防ぐために負例を用意することが望ましいとされています。

6　https://github.com/stockmarkteam/ner-wikipedia-dataset

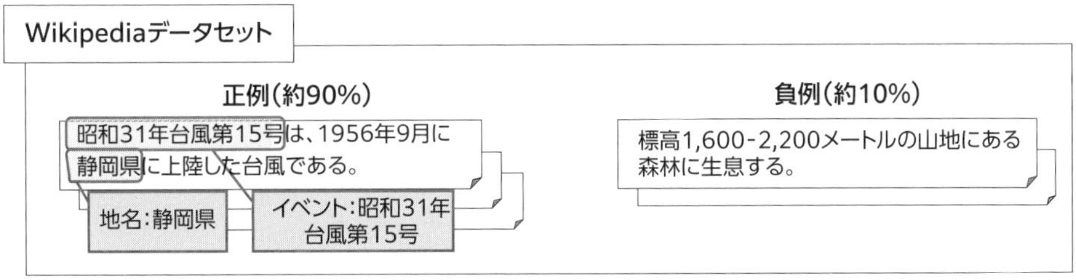

図 5.8　Wikipedia を用いた日本語の固有表現抽出データセットの構成

5.3.2 BERTでの検証

BERT で NER を実施する場合、しばしば抽出カテゴリの情報を「BIO」と呼ばれる形式で与えます。BIO は「Begin, Inside, Outside」の略です。BIO 形式では、抽出対象の先頭（トークン）に「B ラベル」、それ以降の抽出対象に「I ラベル」、抽出対象以外の部分に「O ラベル」を付与します。

NER のラベルの付け方には様々な方式が考案されていますが、BERT などの深層学習では、BIO 形式を用いることが一般的です。理由は、デファクトスタンダードとなっているライブラリ transformers で扱いやすいからです。データセットが他の形式の場合は、BIO 形式に変換する必要があります。

入力文　昭和31年台風第15号は、1956年9月に静岡県に上陸した台風である。

トークン分割	ラベル（BIO形式）	トークン分割	ラベル（BIO形式）
昭和	B-イベント	月	O
31	I-イベント	に	O
年	I-イベント	静岡	B-地名
台風	I-イベント	県	I-地名
第	I-イベント	に	O
15	I-イベント	上陸	O
号	I-イベント	し	O
は	O	た	O
、	O	台風	O
1956	O	で	O
年	O	ある	O
9	O	。	O

図 5.9　BIO 形式の例

Column BERTにおけるNERの仕組み

文書分類は、1つの入力文書に対して1つの結果を推定するタスクなので、モデルの構造やラベル付与の方法は単純でした。しかしNERの場合は、1つの入力文書に対して複数のラベルが付与される可能性があり、さらに、ラベルの文書中での位置も推論する必要があるため、複雑な問題設定になっています。

この問題を簡略化するため、BIO方式では「同じトークンに複数のラベルが割り当てられることはない」という仮定を置くことと、どのラベルにも当てはまらないOラベルを導入することにより、トークンごとのクラス分類問題へと落とし込んでいます。したがって、この仮定が成り立たない問題に対しては、BIO方式は使えないことに留意してください。

●データセットの成形

本節では、pytorchのDatasetクラスを用いて学習用と推論用のデータセットを作成します。Datasetクラスを用いる場合、ライブラリで事前に定義されているデータセットとタスク以外は、Datasetクラスを継承して自身で定義する必要があります。以下がWikipediaデータセット向けのDatasetの定義です。

リスト5.6：Dataset定義

```
from torch.utils.data import Dataset

class NERDataset(Dataset):
   def __init__(self, texts_id, bios_id, is_test=False):
      self.texts_id = texts_id
      self.bios_id = bios_id
      self.is_test = is_test

   def __getitem__(self, idx):
      da-ta = {'input_ids': torch.tensor(self.texts_id[idx], ⏎
      device=device)}
      if not self.is_test:
         da-ta['label'] = torch.tensor(self.bios_id[idx], device=device)
      return data

   def __len__(self):
      return len(self.bios_id)
```

上で定義したDatasetクラスにデータを入れ、インスタンス化します。また、データの分割には機械学習ライブラリであるScikit-Learnの機能を使っています。

リスト5.7：Datasetクラスのインスタンス化

```
from sklearn.model_selection import train_test_split
n_test, n_valid = int(len(list_bio) * 0.2), int(len(list_bio) * 0.1)

list_text_id_train, list_text_id_test, list_bio_id_train,⏎
list_bio_id_test = \
   train_test_split(list_text_id, list_bio_id, test_size=n_test,⏎
   random_state=0)
list_text_id_train, list_text_id_valid, list_bio_id_train,⏎
list_bio_id_valid = \
   train_test_split(list_text_id_train, list_bio_id_train,⏎
   test_size=n_valid, random_state=0)

ds_train = NERDataset(list_text_id_train, list_bio_id_train)
ds_valid = NERDataset(list_text_id_valid, list_bio_id_valid)
ds_test = NERDataset(list_text_id_test, list_bio_id_test, is_test=True)
```

● BERTモデルの定義

BERTモデルを定義します。ここではBertForTokenClassificationという固有表現抽出用のラッパークラスを用います。

リスト5.8：NERタスクにおけるBERTモデルの定義

```
from transformers import BertForTokenClassification

model = BertForTokenClassification.from_pretrained( \
   'cl-tohoku/bert-base-japanese-whole-word-masking', \
   id2label=id2label, \
   label2id=label2id \
   )
```

● BERT モデルの学習

BERT モデルの学習を行います。本節では、PyTorch の Trainer クラスで学習処理を隠蔽したコードを示します。

リスト 5.9：NER タスクにおける BERT モデルの学習

```
from transformers import Trainer, TrainingArguments
training_config = TrainingArguments( \
   output_dir = './results', \
   num_train_epochs = 3, \
   per_device_train_batch_size = 8, \
   per_device_eval_batch_size = 8, \
   warmup_steps = 500, \
   weight_decay = 0.1, \
   save_steps = 500, \
   do_eval = True, \
   eval_steps = 500 \
   )

trainer = Trainer( \
   model = model, \
   args = training_config, \
   tokenizer = tokenizer, \
   train_dataset = ds_train, \
   eval_dataset = ds_valid \
   )
```

前述のパラメータを用いて学習を実行します。

```
trainer.train()
```

●テストデータの推論・評価

最後に、テストデータに対する推論のコード例を示します。精度算出には seqeval というライブラリを用います。seqeval は固有表現抽出タスクの精度算出に特化した OSS のライブラリです。

```
!pip install seqeval
```

リスト 5.10：NER タスクにおける推論コード

```
import numpy as np
from seqeval.metrics import classification_report, f1_score

result = trainer.predict(ds_test)

trues =  np.vectorize(lambda x:id2label[x])(ds_test.bios_id).tolist()

preds_id = np.argmax(result.predictions, axis=2)
preds = np.vectorize(lambda x:id2label[x])(preds_id).tolist()

print(f1_score(trues, preds))
print(classification_report(trues, preds))
```

ファインチューニングの結果、テストデータの分類精度は以下のようになりました。

表 5.6　NER タスクにおけるファインチューニング後の分類精度

ラベル／指標	precision (適合率)	recall (再現率)	f1 (F 値)
人名	0.88	0.91	0.89
法人名	0.86	0.87	0.87
政治的組織名	0.81	0.85	0.86
その他の組織名	0.79	0.78	0.78
地名	0.87	0.85	0.86
施設名	0.83	0.86	0.84
製品名	0.62	0.65	0.63
イベント名	0.80	0.85	0.82
全体	0.81	0.83	0.82

5.4 質問応答タスク

5.4.1 タスクの説明

質問応答は、ある事柄に対する自然言語での質問に対して自然言語で応答するタスクです。例えば以下のようなタスクです。

- 例1

質問：今日の天気は何ですか？
応答：晴れです。

- 例2

質問：地球は何色ですか？
応答：青色です。

ただし上記のような例では、リアルタイムに天気の情報を検索する必要があったり、地球が青いことを事前に常識としてインプットする必要があったりと、非常に難易度が高いと言えます。本書では、質問と応答に関わる周辺情報をセットで与えて、回答の情報を抽出する「狭義の質問応答タスク」を扱います。以下のような例が該当します。

- 例3

周辺情報：今日は天気が晴れていたため山登りに行きました。
質問：今日の天気は何ですか？
応答：晴れ

本書の検証用質問応答タスクでは、運転ドメインのブログから収集した文章とそれに対する質問を入力として、答えとなる表現を文章から抜き出します。文章中から特定の表現を抜き出すという意味では前節のNERタスクと似ていますが、質問の内容によって応答となる部分が変わってくるため質問の意味を解釈する必要があり、その意味でNERよりも難しいタスクと言えます。

次節では、入力文章から質問に対する回答を抽出するAIモデルを作成し、推定結果の精度を見てみます。

Column 運転ドメインQAデータセット

本書では質問応答の実験には、「運転ドメイン QA データセット（DDQA）」[7] を使用します。これは無料で使える日本語のオープンデータセットです。

本データセットでは、ウェブ上で公開されている運転ドメインのブログ記事から抜き出した文章に対して、自然文での質問と質問への文中の回答部分がラベル付けされています。1 文から数文で構成される文章が 1 万 1000 件あり、それぞれに対対応する質問と回答のペアが合計 2 万組収録されています（図 5.10）。データ形式は、「SQuAD」[8] と呼ばれる有名な英語の質問応答データセットと同じ形式で提供されています。

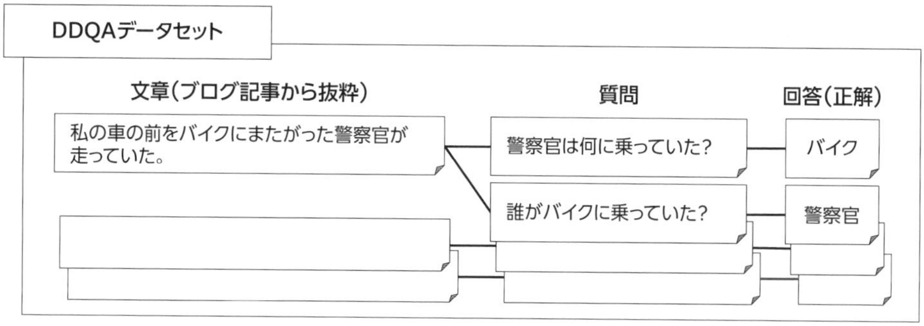

図 5.10 運転ドメイン QA データセットの構成

より正確には、DDQA データセットには上記以外のデータセットも含まれています。上で紹介しているデータセットは、DDQA の中の「RC-QA」というサブセットです。ほかには、文章中の先行詞（主語や目的語など）を問う PAS-QA というデータセットもあります。

5.4.2 BERTでの検証

SQuAD 形式（コラム参照）のデータを BERT で扱うときは、多くの場合、文章と質問をまとめて 1 文書として入力し、回答の開始位置・終了位置をそれぞれ 1-hot ベクトルとして出力するモデル（図 5.11）を構築します。本書の検証でも、transformers ライブラリで採用されているこのモデル形式を採用します。

7 https://nlp.ist.i.kyoto-u.ac.jp/?Driving+domain+QA+datasets
8 https://rajpurkar.github.io/SQuAD-explorer/

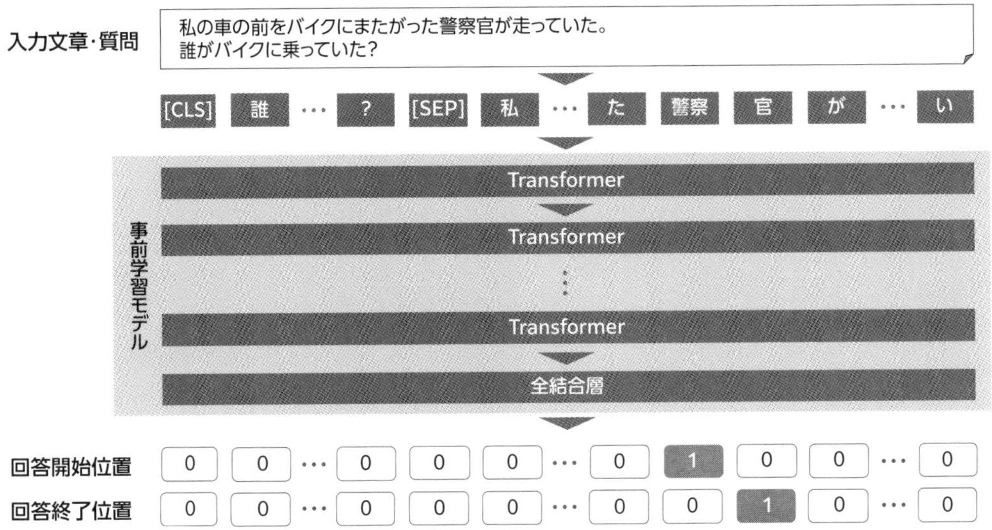

図 5.11　質問応答モデルのイメージ

●データセットの成形

本項では、PyTorch の Dataset クラスを用いて、学習用と推論用のデータセットを作成します。以下が DDQA データセット向けの Dataset の定義です。

リスト 5.11：DDQA データセット向け Dataset 定義

```
from torch.utils.data import Dataset, DataLoader

class QADataset(Dataset):
    def __init__(self, dataset, is_test=False):
        self.dataset = dataset
        self.is_test = is_test

    def __getitem__(self, idx):
        da-ta = {'input_ids': torch.tensor(self.dataset["input_ids"][idx],⮐
        device=device)}
        if not self.is_test:
            da-ta["start_positions"] = torch.tensor(self.dataset⮐
            ["start_positions"][idx], device=device)
            da-ta["end_positions"] = torch.tensor(self.dataset⮐
            ["end_positions"][idx], device=device)
        return data
```

```
    def __len__(self):
        return len(self.dataset["input_ids"])
```

上で定義した Dataset クラスをインスタンス化します。データの前処理として独自に preprocess という関数を定義していますが、DDQA データセットに特化した処理なので、本文中では割愛します。詳しくは付録のソースコードを参照ください。

リスト 5.12：Dataset クラスのインスタンス化

```
dataset_train = QADataset(preprocess(list_train)[0])
dataset_valid = QADataset(preprocess(list_valid)[0])
pp_test, test_answers = preprocess(list_test, is_test=True)
dataset_test = QADataset(pp_test, is_test=True)
```

● BERT モデルの定義

BERT モデルを定義します。ここでは BertForQuestionAnswering という固有表現抽出用のラッパークラスを用います。

リスト 5.13：質疑応答タスクにおける BERT モデルの定義

```
from transformers import BertForQuestionAnswering
model = BertForQuestionAnswering.from_pretrained( \
    'cl-tohoku/bert-base-japanese-whole-word-masking' \
    )
```

● BERT モデルの学習

BERT モデルの学習を行います。本節では、PyTorch の Trainer クラスで学習処理を隠蔽したコードを示します。

リスト 5.14：質疑応答タスクにおける BERT モデルの学習

```
from transformers import Trainer, TrainingArguments

training_config = TrainingArguments( \
    output_dir = './results', \
    num_train_epochs = 10, \
    per_device_train_batch_size = 8, \
```

```
    per_device_eval_batch_size = 8, \
    warmup_steps = 500, \
    weight_decay = 0.1, \
    do_eval = True, \
    save_steps = 5000 \
)

trainer = Trainer(
    model = model, \
    args = training_config, \
    tokenizer = tokenizer, \
    train_dataset = dataset_train, \
    eval_dataset = dataset_valid \
)
```

前述のパラメータを用いて学習を実行します。

```
trainer.train()
```

●テストデータの推論・評価

最後に、テストデータに対する推論のコード例を示します。DDQA データセットの精度算出に適した既存コードが見つからなかったので、精度算出用の関数（evaluate）を実装しています。本書ではトークン単位で精度を算出していますが、文字単位や単語単位など様々なポリシーが考えられます。

リスト 5.15：質疑応答タスクにおける推論

```
def evaluate(ground_truth, predictions):
    em, f1 = 0., 0.
    n_data = len(ground_truth[0])
    for answer_starts, answer_ends, pred_start, pred_end in zip↩
    (ground_truth[0], ground_truth[1], predictions[0], predictions[1]):
        if (pred_start in answer_starts) and (pred_end in answer_ends):
            em += 1
```

```
        f1_candidate = [calc_f1(ps, pe, pred_start, pred_end) for ps, pe
        in zip(answer_starts, answer_ends)]
        f1 += max(f1_candidate)
    return {"em": (em / n_data), "f1": (f1 / n_data)}

def calc_f1(gt_start, gt_end, pred_start, pred_end):
    tp = max(0, (min(gt_end, pred_end) - max(gt_start, pred_start)))
    precision = max(0, tp / (pred_end - pred_start))
    recall = max(0, tp / (gt_end - gt_start))
    if precision * recall > 0:
        return 2 * (precision * recall) / (precision + recall)
    return 0.
```

上で定義した評価用コードを用いて評価を行います。

リスト 5.16：質疑応答タスクにおける評価の実施

```
import numpy as np

result = trainer.predict(dataset_test)
predic-tions = (np.argmax(result[0][0], axis=1), np.argmax(result[0][1],
axis=1))

evaluate(test_answers, predictions)
```

ファインチューニングの結果、テストデータの分類精度は以下のようになりました。

表 5.7　質疑応答タスクにおけるファインチューニング後の精度

Exact Match	（トークンごとの）f1
0.15	0.58

Column　1-hotベクトル

1-hot ベクトルとは、1 つの成分の値が「1」で、残りの成分が「0」のベクトルを指します。例えば、(0,0,1,0) のようなベクトルです。機械学習の分野では、解きたいタスクを変形して、モデルの出力が単一（または複数）の 1-hot ベクトルとなるようにすることが多くあります。

例えば、犬・猫・ウサギの画像を 3 種類のカテゴリに分類するタスクを考えます。このとき、「犬 =(1,0,0)・猫 =(0,1,0)・ウサギ =(0,0,1)」というように、1-hot ベクトルを割当てて出力するタスクに置き換えます。こうすることで、1-hot ベクトルを出力するモデルに対する最適化手法を流用することができます。

また、1-hot ベクトルを使うと、モデルの推定値の多寡を「各カテゴリへの強度」として見ることもできます。例えば、モデルの出力が (0.8, 0.15, 0.05) の時に、「犬である確率は高いが少し猫の要素もある」という解釈ができます。もし、外部情報から犬でないことが分かっている場合には出力を 2 番目に高い猫に置換える、というような応用もできます。

このように、多数の中から 1 つを選ぶタスクに置換える（1-hot ベクトルを活用する）ことで、他の様々なタスクで培ってきた AI モデル最適化のノウハウを、解きたいタスクに活用することができます。

1
2
3
4
5
6
7

5.5 単語・文のベクトル化

5.5.1 単語のベクトル化

● Word2Vecのアルゴリズム

2012年からの深層学習の発展は、自然言語処理分野にも徐々に影響を与え始めていました。翌年の2013年、Mikolovらは数本の論文にまたがって「Word2Vec」というアルゴリズムを発表しました。前述コラムの1-hotベクトルは、0と1の二値ベクトルなので、どうしても表現力に乏しくなってしまいます。しかし、Word2Vecではニューラルネットワークを用いて、100～600次元の実数ベクトルで単語を表現できるようになりました。

有名な例を図5.12に示します。「王女」から「女性と男性の差分」を引くと「王」になる――単語をベクトルで表現することで、このようなベクトル空間上での演算が可能となります。なお、単語をベクトルにする操作のことを「単語の埋め込み（Word Embedding）」もしくは単に「埋め込み」と呼びます。

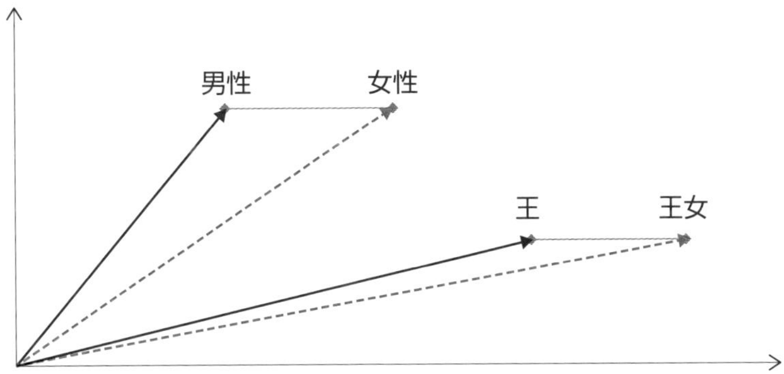

図5.12 Word2Vecで作成されたベクトルのイメージ図[9]

Word2Vecでは単語の分散表現にCBOW（Continuous Bag-of-Words）もしくはContinuous Skip-gram（一般的にSkip-gramと呼ばれています）というニューラルネットワークのモデルが利用されています。CBOWは、文全体の単語から対象としている単語が現れる条件付き確率を最大化するよう学習をしています。一方のSkip-gramは、対象としている単語を中心にして、周囲の単語を予測し、周囲の単語のエラー率を最小化するように学習しています。本書のスコープから大きく外れ

9 実際は100~600次元の空間ですが、紙面で表示する都合上、模式的に2次元で表しています。

るためSkip-gramの詳細は割愛しますが、Word2Vecではこれらモデルの学習を効率化・高速化させる手法も適用されています。

本書で利用する「Gensim」というライブラリでは、デフォルトでCBOWが設定されています。本書でもそれを利用しますので、CBOWについてもう少し深堀してみましょう。

Word2Vecがややこしい理由の一つに、学習時と利用時のスキームが異なるという点が挙げられます。図5.13は、Rongの解説[10]などに見られる代表的なCBOWの図であり、学習時の説明に用いられます。

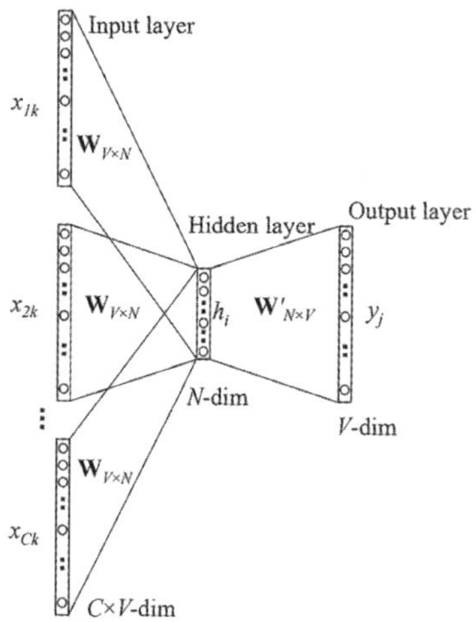

・Input / Output
　Input　：対象としている文から
　　　　　対象としている単語を除いた1-hotベクトル
　Output：対象としている単語の確率

・変数の説明
　V　　：単語の総数
　N　　：単語ベクトルの次元数
　C　　：文中の単語数
　k　　：対象としている単語を示すサフィックス
　x_{1k}〜x_{1k}：文中の対象としている単語以外の単語
　$W_{V\times N}$　：最終的に得られるWord2Vecの重み行列

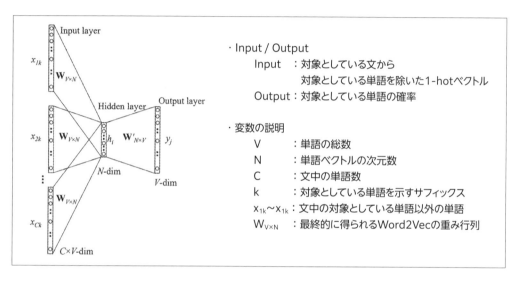

図5.13　CBOWの学習時のイメージ図

前述のとおり、CBOWでは対象としている単語の条件付き確率を周囲の単語群を用いて最大になるようにモデルを学習します。図の左側から、まず周囲の単語群の1-hotベクトルをインプットとして、重み行列$W_{V\times N}$で次元削減してN次元の隠れ層にしています。その隠れ層に$W'_{N\times V}$をかけて出力にしています。この出力の条件付き確率を最大とするように$W_{V\times N}$と$W'_{N\times V}$の重みを更新して、学習を進めます。学習が終わり最終的に得られるモデルは、$W_{V\times N}$の重み行列に該当し、これは「事前学習済みモデル」と呼ばれています。

続いて、事前学習済みモデルを用いた単語の埋め込みについて説明します。単語の埋め込みの計算は非常にシンプルで、図5.14のような事前学習済みモデルとの行列計算を行うことで単語ベクトルが得られます。なお、事前学習済みモデルの種類によって、出力のベクトルの次元数N

10 https://arxiv.org/abs/1411.2738

が異なります。通常、ベクトルの次元数が大きい、すなわちモデルサイズが大きい方が分散表現は豊かになり、その後の処理の精度が向上する傾向がありますが、処理時間が長くなってしまうという欠点もあります。

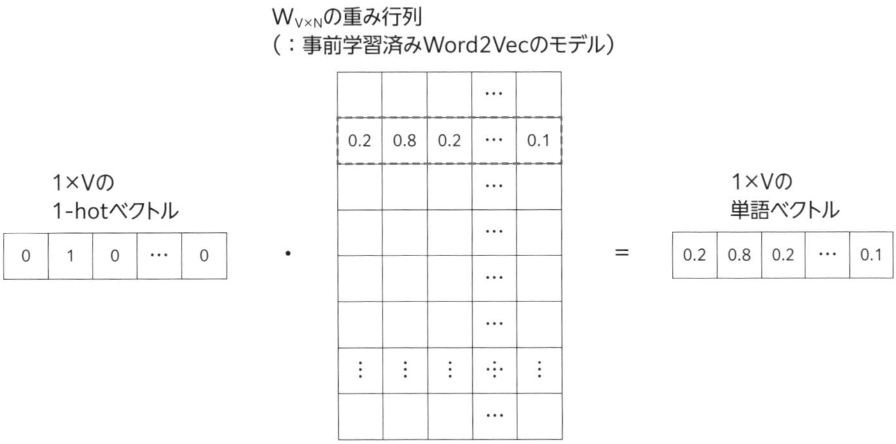

図 5.14　単語ベクトル計算のイメージ図

● Word2Vec による単語ベクトル化例

それでは、この Word2Vec と BERT を用い、それぞれの手法で単語の埋め込みを行ってみましょう。まず、Word2Vec で単語を埋め込みます。なお、本書では、事前学習済みの Word2Vec のモデルをダウンロードして利用します。東北大学の乾研究室が日本語 Wikipedia のデータを用いて学習させたモデルを GitHub に公開しているので、こちらをダウンロードして使います。以下の実装例を見てください。

リスト 5.17：Word2Vec による単語のベクトル化

それでは、Gensimをインポートして、事前学習済みモデルを読み込んでみましょう。
※モデルの読み込みに数分かかる可能性があります。
※※モデルが正常に読み込めれば、何も表示されません。

```
[3]  from gensim import models
     w2v_model =  models.KeyedVectors.load_word2vec_format('/content/↩
     jawiki.word_vectors.200d.txt', binary=False) #←ご自身の.txtのパスを↩
     ご指定ください
```

それでは、このモデルを用いて「日本」の単語のベクトルを作成しましょう。

```
[4]  word = “日本”
     word_vec = w2v_model.wv.__getitem__(word)
     print("Word2Vecで作成した単語ベクトルのshape:", word_vec.shape)
     print("Word2Vecで作成した単語ベクトル:", word_vec)

     Word2Vecで作成した単語ベクトルのshape: (200,)
     Word2Vecで作成した単語ベクトル: [ 0.0740482  -0.26113456  0.08474573
           -0.04715293  0.21883631  0.08543795
           0.25668627  0.12916358  0.01906206  0.6655403  0.20941406
           -0.40279564
```

処理の流れとしては、Word2Vecのモデルを読み込み、そのモデルに単語を入れることでベクトル化しています。例としてここでは「日本」という単語をベクトル化しています。その結果、[0.0740482, -0.26113456, …, 0.0041148]という200次元の単語ベクトルが得られました。

● BERTを用いた単語のベクトル化例

次に、BERTを用いた単語ベクトルの生成について紹介します。第3章で説明したとおり、BERTは双方向のTransformerが複数積層された構造になっています。こういったモデルに対してある単語を入力したとき、BERTのモデル内の重みが最も反映されるのは、出力直前の最終層です。そのため、BERTを用いて単語ベクトルを生成する際は、BERTの最終層の一次元のベクトルを単語ベクトルとして定義します。

それでは実際に単語の埋め込みを行いましょう。以下の実装例を見てください。

リスト5.18：BERTによる単語のベクトル化

ライブラリとトークナイザー・モデルの読み込み

```
[6]  from transformers import BertJapaneseTokenizer
     from transformers import BertModel
     import torch
     tokenizer = BertJapaneseTokenizer.from_pretrained('cl-tohoku/bert-⏎
     base-japanese-whole-word-masking')
     bert_model = BertModel.from_pretrained('cl-tohoku/bert-base-⏎
     japanese-whole-word-masking')
```

トークン及び、モデルのインプットの確認

```
[7]  # word = "日本"
     print("トークン：", tokenizer.tokenize(word))
     print("トークン数：", len(tokenizer.tokenize(word)))
     print("----------------------------------------")

     input = tokenizer(word, return_tensors="pt")
     print("inputの中身の確認：", input)
     print("input_idsのshape：", input["input_ids"].shape)
```

```
トークン： ['日本']
トークン数： 1
----------------------------------------
inputの中身の確認： {'input_ids': tensor([[ 2, 91,  3]]), 'token_type_
ids': tensor([[0, 0, 0]]), 'attention_mask': tensor([[1, 1, 1]])}
input_idsのshape： torch.Size([1, 3])
```

```
[8]  outputs = bert_model(**input)
     # メモ
     # 関数の引数に渡すときに、引数に**を付与すると、キーとバリューがキーワード引数と
     その値として渡すことができます。実際は以下のようにモデルに渡されています。
     # model(input_ids=tensor([[  2,  91,   3]]), token_type_
     ids=tensor([[0, 0, 0]]), attention_mask=tensor([[1, 1, 1]])
```

```
[9]  # BERTの最終層を取得
     last_hidden_state = outputs.last_hidden_state
```

```
[10] print("最終層のテンソルのshape：", last_hidden_state.shape, \
           "¥n最終層のテンソル：", last_hidden_state)
```

```
最終層のテンソルのshape： torch.Size([1, 3, 768])
最終層のテンソル： tensor([[[-0.0594, -0.2436, -0.2725,  ...,  0.0398,
         -0.7225,  0.2988],
         [ 0.0129,  0.1514, -0.0669,  ...,  0.0899, -0.8344, -0.0126],
         [-0.0240,  0.0206, -0.1142,  ..., -0.1108, -0.6129,  0.3155]]],
         grad_fn=<NativeLayerNormBackward0>)
```

```
[11] # 最終層から[CLS]と[SEP]のトークンを除いて表示
     print("BERTで作成した単語ベクトルのshape：",last_hidden_state[0][1].
     shape)
```

```
print("BERTで作成した単語ベクトル：", last_hidden_state[0][1])
```

```
BERTで作成した単語ベクトルのshape： torch.Size([768])
BERTで作成した単語ベクトル： tensor([ 1.2865e-02, 1.5143e-01, -6.6927e-
        02, -3.7965e-01, -5.3772e-01,
        -1.9340e-01, -4.4860e-01, -2.7122e-01, 1.1237e-01, -3.4508e-
        01,
```

基本的な流れはWord2Vecと大差ありませんが、モデルへ入力する前にトークナイズする必要がある点と、モデルの最終層の中から[CLS]と[SEP]トークン除く必要がある点が異なります。Hugging Face社のライブラリのモデル出力には、last_hidden_stateという属性があるので、これを指定することで最終層のテンソルが得られます。この最終層のテンソルには、[CLS]及び[SEP]トークンが含まれるので注意してください。これらのトークンのベクトルを除いたものが、単語ベクトルになります。

実際には、[1.2865e-02, 1.5143e-01, …, -1.2597e-02]という768次元の単語ベクトルが作成されました。なお、得られたベクトルはPyTorchのテンソル形式になっています。後段の処理に応じて、NumPyのArray形式に変換するとよいでしょう。

5.5.2 文のベクトル化

5.5.2項では、単語のベクトルではなく、文のベクトルを扱います。文ベクトルの基本的な考え方は、文中の単語をすべて単語ベクトル化し、その単語ベクトルの平均をとったものを文ベクトルとします。図5.15にイメージ図を示します。

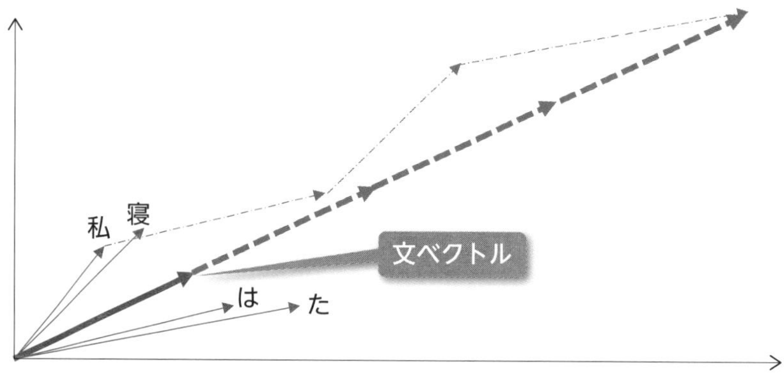

図5.15　['私','は','寝','た']という文の 文ベクトルのイメージ図[11]

11 図5.12同様、紙面で表示する都合上、模式的に2次元で表しています。

この図では、すべてのベクトルを足し合わせ、ベクトルの個数で除したことを模式的に表しています。Word2Vec、BERTそれぞれの単語ベクトル化の手法は、5.5.1項と同一のものを利用しますので、説明は割愛します。それでは、文ベクトルを作成してみましょう。

1
2
3
4
5
6
7

● Word2Vecを用いた文のベクトル化例

まず、Word2Vecを用いて「私は味噌汁が大好きです。」という文のベクトル化を行いましょう。以下のサンプルコードでは、入力の文を形態素解析して分かち書きし、すべての単語を単語ベクトル化した後に平均化しています。

リスト5.19：Word2Vecによる文のベクトル化

```
[12] text = "私は味噌汁が大好きです。"

[13] import ipadic
     from fugashi import GenericTagger
     fugger = GenericTagger(ipadic.MECAB_ARGS)
     # 1.形態素解析を行います
     sentence = [w.surface for w in fugger(text)]
     print(sentence)

     ['私', 'は', '味噌汁', 'が', '大好き', 'です', '。']

[14] from gensim import models
     w2v_model =  models.KeyedVectors.load_word2vec_format('/content/⏎
     jawiki.word_vectors.200d.txt', binary=False)  #←ご自身の.txtのパスを⏎
     指定してください

[15] import numpy as np

     # 2.3.単語ごとにベクトル化して、平均値を算出します
     if len(sentence) >= 0:
         for word in sentence:
             if word == sentence[0]:
                 sentence_vec=w2v_model.wv.__getitem__(word)
             else:
                 sentence_vec=sentence_vec + w2v_model.wv.__getitem__(word)

         sentence_vec = sentence_vec / len(sentence)
```

```
print("Word2Vecで作成した文ベクトルのshape：", sentence_vec.shape)
print("Word2Vecで作成した文ベクトル：", sentence_vec)

Word2Vecで作成した文ベクトルのshape： (200,)
Word2Vecで作成した文ベクトル： [-7.10491389e-02 -1.21606708e-01
.77038908e-01 -6.69214278e-02
5.37050180e-02  1.02226034e-01  5.94401732e-02  1.76794782e-01
```

5.5.1 項の Word2Vec で作成した単語ベクトルと同様に、[-7.10491389e-02, -1.21606708e-01, …, -8.84029344e-02] という 200 次元の文ベクトルが得られました。

● BERTを用いた文のベクトル化例

続いて、BERT を用いて同じ文の文ベクトルを作成してみましょう。以下に示すコードにより、BERT を用いて文ベクトル化することができます。

リスト 5.20：BERT による文のベクトル化

```
Word2Vec同様、BERTでも行いましょう。Word2Vecと異なる点は、以下2点です。
・トークナイザーが形態素解析と同様の機能を有すること※
・numpy arrayではなく、torch tensorであること
です。これに気をつけて行いましょう。

※東北大学のBERTは形態素解析だけでなく、WordPieceでサブワード化しています。

[16] from transformers import BertJapaneseTokenizer
     from transformers import BertModel
     import torch
     tokenizer = BertJapaneseTokenizer.from_pretrained('cl-tohoku/bert-
     base-japanese-whole-word-masking')
     bert_model = BertModel.from_pretrained('cl-tohoku/bert-base-japa
     nese-whole-word-masking')

     # GPU利用時は以下も行ってください
     bert_model.to("cuda")

[17] # 1.&2.トークナイズを行って、単語のベクトル化を行う※トークン以外にもトークン
     タイプとアテンションマスクの情報も付与されています。
```

```
    input = tokenizer(text, return_tensors="pt")

    # GPU利用時は以下も行ってください
    input["input_ids"] = input["input_ids"].to("cuda")
    input["token_type_ids"] = input["token_type_ids"].to("cuda")
    input["attention_mask"] = input["attention_mask"].to("cuda")
```

```
[18] outputs = bert_model(**input)
     last_hidden_states = outputs.last_hidden_state
```

```
[19] attention_mask = input.attention_mask.unsqueeze(-1)
     valid_token_num = attention_mask.sum(1)
```

```
[20] # CPU利用時
     # sentence_vec = sentence_vec.detach().numpy()[0]

     # GPU利用時
     sentence_vec = sentence_vec.detach().cpu().numpy()[0]
     print("BERTで作成した文ベクトルのshape：", sentence_vec.shape)
     print("BERTで作成した文ベクトル：", sentence_vec)

     BERTで作成した文ベクトルのshape：(768,)
     BERTで作成した文ベクトル：[ 3.33715752e-02 -9.33914855e-02 - ⏎
     1.05872050e-01 -1.74090892e-01
     -5.81446700e-02  3.01493794e-01 -1.92922145e-01 -2.18406200e-01
```

「トークナイズしてモデルに入力し、出力の最終層を取得する」という意味では、単語ベクトル化と同様の処理を行っています。しかし、一般に文を扱うにあたっては、単語ベクトルを扱う際に除いていた[CLS]と[SEP]トークンを除かずに、そのまま利用します。その理由は、文を扱うときは、句点が一つだけのシンプルな文（単文）ではなく、複数の文を連ねて構成された「文章」を扱う場合が多いからです。これは対象となる文次第で適宜調整するとよいでしょう。と言うのも、[CLS]と[SEP]トークンを除いた方がよい場合もあると考えられるからです。

例えば、対象の文は100%単文であり、かつ比較的文が短いときです。例を挙げて説明します。[[CLS] 私, は, 食べ, た ,[SEP]] といった短い文のトークン群があった場合、1/6が[CLS]、1/6が[SEP]となり、文ベクトルにおける[CLS]と[SEP]トークンの比重が大きくなってしまい、単語ベクトルの平均である文ベクトルに及ぼす[CLS]と[SEP]トークンの影響が相対的に高くなってしまいます。こういった文を扱う場合は、単語ベクトル同様に[CLS]と[SEP]トークンを除くことをお勧めします。

また、先ほどの実装例では、GPUを利用していますが、扱うデータが大量でなければ不要です。CPUの実装も記載していますので、そちらを利用してください。

●文章の類似度計算

本節の最後に、文ベクトルの利用例を紹介します。文ベクトルの代表的な使い方として、文章の類似度計算があります。計算方法はいくつかありますが、本書では最も代表的なコサイン類似度の実装を行います。

計算方法は、ベクトルの内積を、それぞれのベクトルの大きさの積で除します。このコサイン類似の表す意味は、ベクトル同士のなす角が0度に近いのか、はたまたほとんど180度の逆向きのベクトル同士なのか、その角度をコサインの値で表したものです。

以下にBERTで計算した文章類似度の計算例を示します。対象としている2文は、「すみません、お店は開いていますか？」「ご迷惑をおかけしてすみませんでした。」です。

リスト5.21：BERTを用いた文章類似度の計算

BERTを使って以下の2文を文ベクトル化し、コサイン類似度を計算してみましょう。
「すみません、お店は開いていますか？」「ご迷惑をおかけしてすみませんでした。」
※日常的な日本文では、文の構造や使用されている用語が一義的に決まる場合なども多く、結果的にWord2Vecのベクトルの方が類似度の計算に適している場合も多分にあります。よく検討した上で、適切な手法を選択してください。

以下はGPUを用いた例です。CPUのみで行う場合は④を参考にしてください。

```
[21]  sentences = ["すみません、お店は開いていますか？","ご迷惑をおかけしてすみませ↩
      んでした。"]
```

```
[22]  input = tokenizer(sentences, return_tensors="pt",padding=True,trun↩
      cation=True)

      input["input_ids"] = input["input_ids"].to("cuda")
      input["token_type_ids"] = input["token_type_ids"].to("cuda")
      input["attention_mask"] = input["attention_mask"].to("cuda")
```

```
[23]  outputs = bert_model(**input)
      last_hidden_states = outputs.last_hidden_state
      attention_mask = input.attention_mask.unsqueeze(-1)
```

```
    valid_token_num = attention_mask.sum(1)
    sentence_vecs = (last_hidden_states*atten    tion_mask).sum(1) / ⏎
    valid_token_num
    sentence_vecs = sentence_vecs.detach().cpu().numpy()
```

類似度は以下で計算できます。

```
[24] from numpy import dot
     from numpy.linalg import norm

     similari-ty_with_bert = dot(sentence_vecs[0], sentence_vecs[1]) / \
                      (norm(sentence_vecs[0])*norm(sentence_vecs[1]))

     print("BERTで計算したコサイン類似度：",similarity_with_bert)
```

```
     BERTで計算したコサイン類似度： 0.78672004
```

```
[25] ※[25]のセルは長くBERTではないので、ここでは省略します。
```

```
[26] print("BERTで計算したコサイン類似度：",similarity_with_bert)
     print("Word2Vecで計算したコサイン類似度：",similarity_with_word2vec)
```

```
     BERTで計算したコサイン類似度： 0.78672004
     Word2Vecで計算したコサイン類似度： 0.8954789
```

BERTで計算したコサイン類似度は、0.787ほどでした。一方、Word2Vecで計算したコサイン類似度は、0.895ほどでした[12]。この結果について、簡単に考察してみましょう。

対象にしている両文に存在している「すみません」という言葉は、文脈によって「呼びかけ」や「謝罪」の意味を表します。Word2Vecでは1単語（形態素）に1つベクトルがあてがわれるため、「すみません」のような複数の意味をもつ単語に弱いという特徴があります。一般にCBOWよりもSkip-gramの方が、複数の意味の表現に強いと言われています。今回の例でも上記のことが原因で、それほど意味が近くない文章においてもWord2Vecの類似度は高くなってしまっていると考えられます。

12 Colaboratory上に実装されたコードがありますが、本書では割愛しています。

Column 分散表現の発展

分散表現は多様な情報を「行列の重み」という形で保持しておくことができるため、Word2Vecの発表以降も様々なアルゴリズムが研究・公開されてきました。未知語をサブワード分割して表現するfastText、文全体の単語と最長の単語の共起などを反映させたGloVe、Transformerを用いたUSE（Universal Sentence Encoder）など、その発展には目覚ましいものがあります。

2022年1月には、音声・画像・自然言語をマルチモーダルに扱える「data2vec」なるアルゴリズムが公開されて、大変話題になりました。計算リソースが有限である以上、こういった分散表現の研究は、これからも継続的に発展していくと思われます。

第6章

練習問題

前章までで、NLP の基礎から BERT の実装までをカバーしました。第 6 章では、実際に読者の皆さん自身の手で実装しながら、練習問題を解いていきます。練習問題は、文章分類タスクと情報抽出タスクの全 2 題です。また、データの前処理などはスコープ外とし、BERT の実装に関するところだけを問題にしています。ぜひ、Colaboratory の練習問題ノートブックに直接書き込み、実際に動作させながら問題を解いてください。解法のノートブックも準備してあります。

6.1 文章分類タスク

6.1.1 データセットの準備

本節では、5.2節で紹介した文書分類タスクの練習問題を解いてみましょう。はじめに、対象とするデータ「DBpedia」について紹介します。

DBpediaはWikipediaから情報を抽出して、Linked Open Dataとして公開しているコミュニティプロジェクトです。様々なカテゴリごとに情報（エンティティ）がまとまっています。

DBpediaではSPARQLというクエリを用いて、データを集計することができます。本書でもSPARQLを用いて、データを集計し取得してきますが、ブラウザでDBpediaのウェブサイトにアクセスしてクエリを流すのではなく、SPARQLWrapperというライブラリを用いてColaboratoryから直接データを取得します。

本書では日本語版のDBpedia Japaneseを対象にしてデータを取得します。今回取得するのは、東証1部上場企業、日本のロックバンド、オリンピック／パラリンピックの金銀銅メダリストです[1]。上記のデータのエンティティの中にも多様なエンティティが紐づいていますが、その中でも各エンティティのアブストラクトのみを使います。図6.1から図6.3にこれらのデータの一部を示します。

	abstract	label	label_name
0	株式会社エービーシー・マート（英: ABC-MART,INC.）は、東京都渋谷区に本社を置く...	0	companies
1	株式会社ACCESS（アクセス、ACCESS CO., LTD.）は、東京都千代田区に本社を...	0	companies
2	ADEKA（アデカ）は、古河グループ（古河三水会）の化学品・食品事業を担う創立100年を超え...	0	companies
3	AGC株式会社（エイジーシー、英: AGC Inc.）は、世界最大手のガラスメーカーである。..	0	companies
4	AGS株式会社（エージーエス、英: AGS Corporation）は、埼玉県さいたま市浦和...	0	companies

図6.1 DBpedia Japaneseから取得した東証1部上場企業のアブストラクトの例

1 データはあくまでもDBpediaに登録されている情報のみです。例えば、実際の東証1部上場企業の登録漏れや抜けがあるかもしれません。事前に理解した上で利用してください。

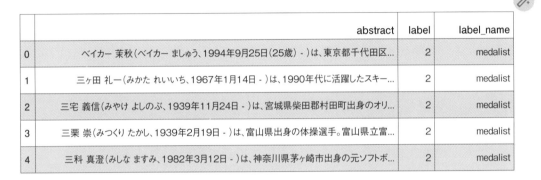

	abstract	label	label_name
0	!wagero!(ワジェロ)は日本のロックバンド。「倭製ジェロニモ&ラブゲリラエクスペリエ...	1	bands
1	&[AND](アンド)は、日本の音楽ユニット。ギタリストで音楽プロデューサーである。OZAが...	1	bands
2	'else(エルス)は、日本のロックバンド。1992年から2003年にかけて活動していた。	1	bands
3	03(ゼロサン)は日本のロックバンドである。2002年avex traxよりデビュー。200...	1	bands
4	100s [Hyaku-Shiki](ひゃくしき)は、シンガーソングライターの中村一義を中心...	1	bands

図 6.2 DBpedia Japanese から取得した日本のロックバンドのアブストラクトの例

	abstract	label	label_name
0	ベイカー 茉秋(ベイカー ましゅう、1994年9月25日(25歳) -)は、東京都千代田区...	2	medalist
1	三ヶ田 礼一(みかた れいいち、1967年1月14日 -)は、1990年代に活躍したスキー...	2	medalist
2	三宅 義信(みやけ よしのぶ、1939年11月24日 -)は、宮城県柴田郡村田町出身のオリ...	2	medalist
3	三栗 崇(みつくり たかし、1939年2月19日 -)は、富山県出身の体操選手。富山県立富...	2	medalist
4	三科 真澄(みしな ますみ、1982年3月12日 -)は、神奈川県茅ヶ崎市出身の元ソフトボ...	2	medalist

図 6.3 DBpedia Japanese から取得したオリンピック/パラリンピックの金銀銅メダリストのアブストラクトの例

いずれのアブストラクトも、文体は近いかもしれませんが、使っている単語や内容ははっきり分かれていそうだと分かります。なお、上の図のような表示枠の右上にあるキラキラした青いペンのアイコンをクリックすると、インタラクティブな表としても扱うことができます。

データの件数は、最も少ないメダリストのカテゴリでも 965 件あります。今回はあえてアンダーサンプリングを行い、各カテゴリのデータを 100 件、3 カテゴリ合計で 300 件とします。その 300 件を、学習データ 60%、検証データ 20%、テストデータ 20%に分割して、tsv 形式で保存しておきます(詳細はノートブックを参照してください)。

6.1.2 問題

文章分類タスクにおける問題は、以下の4問です。

リスト 6.1 :「問題 1」の内容

問題1

```
[ ]  # Q. BertForSequenceClassificationを使って、事前学習済みモデルを読み込みま
     しょう

     from transformers import BertForSequenceClassification
     model = BertForSequenceClassification.from_pretrained(
         pretrained_model_name_or_path=,
         num_labels=,
         output_attentions=,
         output_hidden_states=)
```

リスト 6.2 :「問題 2」の内容

問題2

```
[ ]  # Q. AdamWのoptimizerを定義しましょう

     import torch
     from transformers import AdamW

     optimizer =
     device = torch.device("cuda:0" if torch.cuda.is_availa
     ble() else "cpu")
     model.to(device)

     print(device)
```

リスト 6.3：「問題 3」の内容

問題3

```
[ ]  # Q. train_classificationの関数を完成させましょう

     from torch.nn import functional as F
     import numpy as np
     from sklearn.metrics import accuracy_score, precision_score,⤶
     recall_score, f1_score

     def train_classification(dataloader_train, data loader_dev,⤶
     n_epoch=1):
       for e in range(n_epoch):
         model.train()
         train_loss = 0
         for batch in dataloader_train:
           b_input_ids = batch.Text[0].to(device)
           b_labels = batch.Label.to(device)
           optimizer.zero_grad()
           outputs = model(b_input_ids)
           loss = F.cross_entropy(outputs.logits, b_labels)
            #この行にロスのバックプロパゲーションを実装しましょう
           optimizer.step()
           train_loss += loss.item()

         model.eval()
         trues, preds = [], []
         for batch in dataloader_dev:
            #この行にバッチのinput_idsを定義しましょう
           trues = np.concatenate([trues, batch.Label.numpy()])

           outputs = model(b_input_ids)
           outputs = np.argmax(outputs[0].cpu().detach().numpy(), axis=1)
           preds = np.concatenate([preds, outputs])

         print('精度   :{:.3f}'.format(accuracy_score(trues, preds)))
         print('適合率 :{:.3f}'.format(precision_score(trues, preds,⤶
         average='macro')))
```

```
        print('再現率 :{:.3f}'.format(recall_score(trues, preds,⤶
        average='macro')))
        print('F1値  :{:.3f}'.format(f1_score(trues, preds,⤶
        average='macro')))
```

リスト 6.4：「問題 4」の内容

問題4

```
[ ]   # Q. train_classificationを使って、学習しましょう

      # 10epochほどでdevデータの精度がおおよそ飽和
      n_epoch = 10

      # この行に学習を行うコードを実装しましょう
```

6.1.3 解答と解説

問題の難易度はいかがでしたか。それでは早速、解答と解説に入っていきます。まず、問題1の解答をリスト 6.5 に示します。

リスト 6.5：「問題 1」の解答

解答1

```
[29]  # Q. BertForSequenceClassificationを使って、事前学習済みモデルを読み込み⤶
      ましょう

      from transformers import BertForSequenceClassification
      model = BertForSequenceClassification.from_pretrained(
          pretrained_model_name_or_path='cl-tohoku/bert-base-japanese-⤶
          whole-word-masking',
          num_labels=len(label_list),
          output_attentions = False,
          output_hidden_states = False)
```

transformersのBertForSequenceClassificationのfrom_pretrainedメソッドを使って、モデルを読み込みます。from_pretrainedメソッドの引数に4つの引数分の行があったと思います。それぞれ、Hugging Faceに登録されている東北大学のBERT（4章の図4.12を参照）のモデル名、ラベル数、アテンションのアウトプットの有無、隠れ層のアウトプットの有無を指定しています。なお、モデル名以外は、modelインスタンスへも設定を追加可能ですが、modelにおけるパラメータを同一箇所で設定するためにここでまとめて入力・設定しています。

問題2はoptimizerの定義です。解答をリスト6.6に示します。

リスト6.6：「問題2」の解答

解答2

```
[30] # Q. AdamWのoptimizerを定義しましょう

     import torch
     from transformers import AdamW

     optimizer = AdamW(params=model.parameters(), lr=1e-5)
     device = torch.device("cuda:0" if torch.cuda.is_availa↩
     ble() else "cpu")
     model.to(device)

     print(device)
```

transformersのAdamWのクラスをインスタンス化し、パラメータを設定しています。paramsの引数にはそのままmodelパラメータを渡し、学習率lrには1e-5を指定しています。

問題3はtrain_classification関数の定義です。解答をリスト6.7に示します。

リスト6.7：「問題3」の解答

解答3

```
[31] # Q. train_classificationの関数を完成させましょう

     from torch.nn import functional as F
```

```
import numpy as np
from sklearn.metrics import accuracy_score, precision_score,⤶
recall_score, f1_score

def train_classification(dataloader_train, dataloader_dev,⤶
n_epoch=1):
  for e in range(n_epoch):
    model.train()
    train_loss = 0
    for batch in dataloader_train:
      b_input_ids = batch.Text[0].to(device)
      b_labels = batch.Label.to(device)
      optimizer.zero_grad()
      outputs = model(b_input_ids)
      loss = F.cross_entropy(outputs.logits, b_labels)
      loss.backward() #この行にロスのバックプロパゲーションを実装しましょう
      optimizer.step()
      train_loss += loss.item()

    model.eval()
    trues, preds = [], []
    for batch in dataloader_dev:
      b_input_ids = batch.Text[0].to(device) #この行にバッチの⤶
      input_idsを定義しましょう
      trues = np.concatenate([trues, batch.Label.numpy()])

      outputs = model(b_input_ids)
      outputs = np.argmax(outputs[0].cpu().de
 tach().numpy(), axis=1)
      preds = np.concatenate([preds, outputs])

    print('精度   :{:.3f}'.format(accuracy_score(trues, preds)))
    print('適合率 :{:.3f}'.format(precision_score(trues, preds,⤶
    average='macro')))
    print('再現率 :{:.3f}'.format(recall_score(trues, preds,⤶
    average='macro')))
    print('F1値  :{:.3f}'.format(f1_score(trues, preds,⤶
    average='macro')))
```

train_classification 関数の中に 3 つの for ループがあります。1 番上の for ループはエポックのループで、エポック数の分だけ処理を繰り返します。2 番目の for ループは、あるエポックにおけるバッチ数の分の学習処理を繰り返します。この時にロスのバックプロパゲーションを実装するのが問題の一つです。この問題の 1 行上で loss が定義されたので、loss の backward() メソッドを用いて、バックプロパゲーションを実装することができます。

もう一つの問題は 3 番目の検証の for ループ内にあります。あるバッチにおける input_ids を定義する問題です。dataloader_dev のイテレータ要素である batch から 0 番目の Text を読み込み、GPU に対応させています。

問題 4 は学習の実行についてです。解答をリスト 6.8 に示します。

リスト 6.8：「問題 4」の解答

解答4

```
[32] # Q. train_classificationを使って、学習しましょう

     # 10epochほどでdevデータの精度がおおよそ飽和
     n_epoch = 10

     train_classification(dataloader_train=dl_train, dataloader_dev=dl_
     dev, n_epoch=n_epoch) # この行に学習を行うコードを実装しましょう
```

問題 4 は、問題 3 で定義した train_classification 関数を呼んで、実際に学習を行います。train_classification 関数には dataloader_train、dataloader_dev、n_epoch の引数があるので、それぞれ、dl_train、dl_dev、n_epoch の変数を指定します。

以上が文章分類タスクの練習問題でした。前述のとおり、各カテゴリの中で使用されている単語や内容が特徴的なので、練習問題としては簡単過ぎたかもしれません。

自然言語処理の現場では、データ数が少なくて困るということは、決して珍しくありません。そこで、データ量を横軸にとり、精度を縦軸にとって、どれほどのデータ量が必要なのか検討することがありますので、読者の皆さんもデータ量を変えながら実験してみてください。学習リソースの量がどれほど必要かを学ぶよい機会になると思います。また、データ量の変更に伴って、エポック数やその他パラメータを変えるとどうなるかなど、実験してみてください。

6.2 情報抽出タスク

6.2.1 データセットの準備

本節では、情報抽出タスクの練習問題に取り組みます。5章の5.4節を参考にしながら、自分で実装してみてください。まずはデータセットの紹介をします。

情報抽出タスクで扱うデータセットは、2018年4月にTIS[2]が公開したchABSA-dataset[3,4]です。chABSA-datasetは上場企業の2016年度の有価証券報告書をベースに作成されました。金融・経済的なデータにおける観点単位の感情分析という、複雑なタスクのための学習を行うことができます。

chABSA-datasetの中を見ると、有価証券報告書に記載された「企業の概況」の文中に、エンティティとアトリビュート、極性が付与されたものとなっています。すなわち、その単語がどういうカテゴリや属性の単語であり、ポジティブな意味なのかネガティブな意味なのかがアノテーションされています。

今回の情報抽出タスクの練習問題では、アトリビュートと極性は利用せず、エンティティ情報のみを使い、複数のカテゴリの固有表現抽出を行います。エンティティのカテゴリは、以下の4種類のみを利用し、NULLとOOD（Out of Domain）は対象外とします。

表 6.1　対象とする chABSA-dataset のエンティティのカテゴリ[5]

エンティティの種類	説　明
Market	生鮮食品市場・原油市況といった、市場、市況を表す語
Company	会社／法人、グループを表す語
Business	機械部品部門・国内事業など、会社内の部門、事業部、事業領域を表す語
Product	エンジン・バイク、工場建設・プリントサービスといった、製品またはサービスの名称を表す語

2　TIS インテックグループの IT 企業で、本社は東京新宿。https://www.tis.co.jp/company/information/
3　https://www.tis.co.jp/news/2018/tis_news/20180410_1.html
4　https://github.com/chakki-works/chABSA-dataset
5　https://github.com/chakki-works/chABSA-dataset/tree/master/annotation/doc

6.2.2 問題

情報抽出タスクにおける問題は、以下の 4 問です。

リスト 6.9：「問題 1」の内容

問題1

```
[ ]  # Q. BertForTokenClassificationを使って、事前学習済みモデルを読み込みましょう

     from transformers import BertForTokenClassification
     model = BertForTokenClassification.from_pretrained(
              pretrained_model_name_or_path=,
              id2label=,
              label2id=)

     model.to(device)
```

リスト 6.10：「問題 2」の内容

問題2

```
[ ]  # Q. training_configとtrainerを定義しましょう

     training_config = TrainingArguments(
       output_dir='/content/drive/MyDrive/bert/6_2_chABSA/results',
       num_train_epochs=20,
       per_device_train_batch_size=,
       per_device_eval_batch_size=,
       warmup_steps=500,
       weight_decay=0.2,
       save_steps=500,
       do_eval=True,
       eval_steps=100
     )

     trainer = Trainer(
         model=,
         args=,
```

```
        tokenizer=,
        train_dataset=,
        eval_dataset=
    )
```

リスト 6.11：「問題 3」の内容

問題3

```
[ ]  # Q. trainerを使って、学習しましょう

      # この行に学習を行うコードを実装しましょう
```

リスト 6.12：「問題 4」の内容

問題4

```
[ ]  # Q. trainerを使って、推論結果をresult変数としましょう

     result =  # この行にテストデータで推論を行うコードを実装しましょう
```

6.2.3 解答と解説

情報抽出タスクの難易度はいかがでしたか。それでは、解答と解説に入っていきます。まず、問題 1 の解答をリスト 6.13 に示します。

リスト 6.13：「問題 1」の解答

解答1

```
[23] # Q. BertForTokenClassificationを使って、事前学習済みモデルを読み込みましょう

     from transformers import BertForTokenClassification
     model = BertForTokenClassification.from_pretrained(
         pretrained_model_name_or_path='cl-tohoku/bert-base-japanese-⤶
         whole-word-masking',
         id2label=id2label,
```

```
    label2id=label2id)

model.to(device)
```

transformersのBertForTokenClassificationのfrom_pretrainedメソッドを使って、モデルを読み込みます。from_pretrainedメソッドの3行分の引数にはそれぞれ、Hugging Faceに登録されている東北大学のBERTのモデル名、idとラベルの辞書、ラベルとidの辞書を指定しています。

問題2はtrainerの設定に関する問題です。解答をリスト6.14に示します。

リスト6.14：「問題2」の解答

解答2

```
[26] # Q. training_configとtrainerを定義しましょう

     training_config = TrainingArguments(
       out-put_dir='/content/drive/MyDrive/bert/6_2_chABSA/results',
       num_train_epochs=20,
       per_device_train_batch_size=batch_size,
       per_device_eval_batch_size=batch_size,
       warmup_steps=500,
       weight_decay=0.2,
       save_steps=500,
       do_eval=True,
       eval_steps=100
     )

     trainer = Trainer(
         model=model,
         args=training_config,
         tokenizer=tokenizer,
         train_dataset=ds_train,
         eval_dataset=ds_valid
     )
```

問題2では、最初にtraining_confingを定義して、それをtrainerの引数に渡すというプログラムの流れです。

まずはtraining_confingについて、per_device_train_batch_sizeとper_device_eval_batch_sizeに引数を渡す必要があります。どちらの引数にも、事前に定義していたbatch_sizeを指定してください。続いて、trainerです。model引数には事前に定義していたmodelを指定し、args引数には同一セル内で定義したtraining_confingを、tokenizerにはmodel同様に事前に定義していたtokenizerを指定してください。train_datasetとeval_datasetには、NERDatasetを用いて定義した、ds_trainとds_validをそれぞれ指定してください。

問題3は実際に学習を開始するコードの問題です。解答をリスト6.15に示します。

リスト6.15：「問題3」の解答

解答3

```
[27]  # Q. trainerを使って、学習しましょう

      trainer.train() # この行に学習を行うコードを実装しましょう
```

問題3では、trainerのメソッドのtrain()を使います。これにより、モデルの学習が始まります。

問題4は学習後の推論に関するコードの問題です。解答をリスト6.16に示します。

リスト6.16：「問題4」の解答

解答4

```
[27]  # Q. trainerを使って、推論結果をresult変数としましょう

      result = trainer.predict(ds_test) # この行にテストデータで推論を行うコード⮐
      を実装しましょう
```

問題4では、学習後のモデルを用いて推論を行います。trainerのメソッドのpredict()を使い引数に、テストデータセットのds_testを指定します。これにより、テストデータの推論結果がresultに返されます。

以上が情報抽出タスクの練習問題でした。文章分類タスクの練習問題よりも、少し難しかったかもしれません。追って、自身でデータを確認するとよいと思いますが、例えば「その他」など

の言葉も Business というカテゴリになっています。このように、人間でも困惑するようなデータでは、BERT というすぐれたアルゴリズムでもなかなか精度向上が難しい場合があります。こういう場合は、スタンフォード大学教授の Andrew Ng などが提唱している、データの質を重要視するデータセントリック AI 的アプローチも併せて検討するとよいでしょう。

本章では、これまで本書で扱ってきたBERT の練習問題に取り組んできました。ここまで読み進んだことにより、理論的背景から自身で手を動かして実装することまで、できるようになっているでしょう。次章では、より実際の現場で直面するような実践的トピックにフォーカスしていきます。

第7章

ビジネス適用における課題と解決

本章では、機械学習のビジネス適用の際によくある課題と、その解決へのアプローチを解説します。実装例と併せて、解決案の考え方を解説します。

7.1 データアセスメント

7.1.1 データアセスメントとは何か？

実際のビジネスに機械学習を適用する際、初期段階において「データアセスメント」という作業を実施することがよくあります。

データアセスメント（Data Assessment）とは「データ診断」の意味で、収集したデータの品質を診断することです。具体的には、欠損、重複、異常なデータの混入等の問題がないかの確認を行います。これはBERTに限らず機械学習を適用する際に、一般的に行われます。

データアセスメントを実施するフェーズは、機械学習の適用対象となるデータを収集した後で、データの正規化やノイズ除去等の前処理を行う前です。

実施の目的は、「モデルの品質低下につながるデータの問題を早期に発見し、解決すること」です。これによって、機械学習モデルの品質を高めるとともに、データ収集の手戻りリスクを低減することができます。

データアセスメントを実施せずにプロジェクトを進めた場合の失敗パターンとして、例えば、「収集したデータに対して前処理や様々な加工を行い、機械学習モデルを構築するところまではできたが、最後の精度評価の段階でなかなか良いパフォーマンスが得られず、よく見たらそもそも収集したデータに問題があり、一から収集をやり直すことになってしまい、その結果プロジェクトが大幅に遅延してしまった…」といったことが起こり得ます。BERTのように使用するモデルがいくら優れていても、扱うデータの品質に問題があると良い結果は得られないということを、心に留めておきましょう。

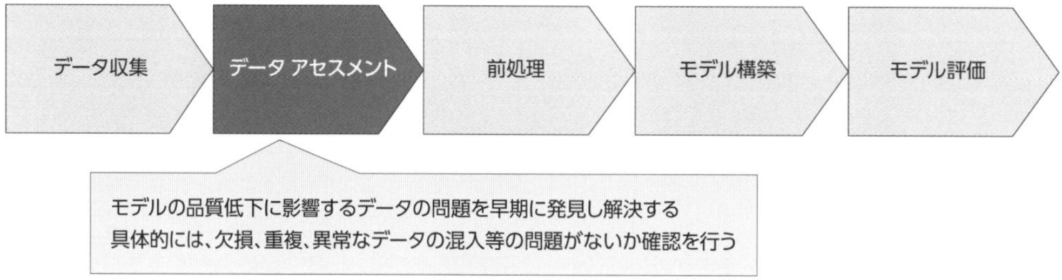

図 7.1　データアセスメントの実施フェーズと概要

7.1.2 データアセスメントの観点と項目

●機械学習向けデータ品質の観点

データアセスメントにおいて、データ品質を診断する際の観点を明確にしておきます。

まず、ソフトウェアの品質モデルの国際標準として、「SQuaRE」と呼ばれるISO/IEC 25000シリーズがあり、その中のISO/IEC 25012においてデータの品質モデルが定義されています。詳細は割愛しますが、ISO/IEC 25012の品質モデルでは、15項目の品質特性が定義されています。機械学習プログラムもソフトウェアの一種ですから、基本的な品質特性としてこのモデルが参考になります。

ただし、ISO/IEC 25012が機械学習に特化したものではない点には注意が必要です。本書の執筆時点では、機械学習向けのデータ品質モデルを定めた国際標準は存在しておらず、企業や研究機関がガイドラインを提示している状況にあります。

機械学習に特化したデータ品質の観点としては、例えば「収集データが機械学習の目的に適合しているか」、「学習データは実際の運用における推論データと同質か」、「プライバシーや機密性に問題はないか」、「データが作られた時間や場所が適切か」、「網羅性は十分か」等様々なものがあります。

このような観点の在り方を巡る議論は一大テーマとなるため、本書ではこれ以上言及しません。ここでは、「実務ではこのような観点に基づいた検討が必要になる」ということを覚えておいてください。

●データに着目した最低限の診断項目

機械学習向けのデータ品質の診断は、収集されたデータだけに着目して行われるものではありません。プロジェクトの要件や環境条件等の前提情報を考慮する必要があり、人手と労力をかけて行われます。

本書では、すぐに使える実践的な方法を紹介します。プロジェクト要件等の前提情報がなくても、収集済みのデータだけに着目して診断できる、最低限の診断項目を表7.1に挙げておきます。

表 7.1 データアセスメントの最低限の診断項目

データ品質の観点	本書における定義	診断項目	問題の例（文書分類タスクのデータセットを想定した場合）
正確性	データが形式的および内容的に正確であること	入力ルール未定義	「分類カテゴリ」列が表記揺れを多く含む自由記述となっており、入力ルールが正しく定義されていない。 1つのセルに単一内容を入力すべきところ、①②などの複数の内容が入力されており、また（1）（2）など、書式も揺れている
		形式不正	数値が入力されるべき「ID」列に、不正な文字列が入力されている
		内容不正	データ列の意味に適合しない内容が入力されている。本文の内容が「質問」であるべきところへ「依頼事項」などが含まれているなど
		誤りによる重複	コピー&ペースト等の操作ミスによって、誤って重複したデータが入力されている
		意図的な省略	データ内容に意図的な省略がなされている
		ノイズの混入	意味のないノイズのようなデータが混入している
完全性	データに欠損や抽出漏れがないこと	セル欠損	「分類カテゴリ」や「本文」列の値が欠損している
		列欠損	必要な列自体が欠損している
		ファイル抽出エラー	PDF や office 等の文書ファイルからテキストを抽出する場合、エラーにより抽出が失敗している
一貫性	データ要素間の整合性がとれており矛盾がないこと	項目間整合性	「機能コード」と「機能名称」が対応していない
		参照誤り	外部ファイルデータを参照している場合に、参照が正しくとれていない
		アノテーションの非整合性	ほぼ同じ内容の文ではあるが、「分類カテゴリ」が異なっており、アノテーションの方法が一貫していない

Column ISO/IEC 25012が定める15のデータ品質モデル特性

ソフトウェア開発における基礎的なデータ品質モデルであるISO/IEC 25012は、以下の15個のデータ品質特性を定義しています。

1．正確性（Accuracy）
2．完全性（Completeness）
3．一貫性（Consistency）
4．信憑性（Credibility）
5．最新性（Currentness）
6．アクセシビリティ（Accessibility）
7．標準適合性（Compliance）
8．機密性（Confidentiality）
9．効率性（Efficiency）
10．精度（Precision）
11．追跡可能性（Traceability）
12．理解性（Understandability）
13．可用性（Availability）
14．移植性（Portability）
15．回復性（Recoverability）

●テキストデータの注意点

データアセスメントにおける、テキストデータならではの注意点を挙げます。それは、テキストの内容的な「意味」と「構造」、それからファイルや文字コード等の「データ形式」への考慮が必要となることです。

まず、テキストの「意味」を考える例題として、企業のコンタクトセンターに寄せられた消費者からの問合せを、文書分類するようなタスクを考えましょう。必要となるデータ項目は基本的に、分類カテゴリラベルとテキストの内容の2点です。このとき、テキストの内容列の値がテキストデータであり、一見したところ埋まっているからといって、それが意味的な観点で正しいとは限りません。もしかすると「問合せ」ではなく「状況メモ」や「作業依頼」など、問合せとは関係のないテキストデータが混在しているかもしれません。このような状況では、たとえデータをそのまま使用して高い分類精度が得られたとしても、そもそも分類された対象が期待するものではないために有用性の低い結果となってしまう、という問題が起こり得ます。そのような場合、最初のデータ収集方法の改善や、前処理に入る前のデータの仕分けが必要になってきます。

次に、テキストの「構造」に関してです。同じ意味の内容であっても、日本語には様々な表現方法があります。書く人によっても異なりますし、同じ人が書いた場合でも、時と場合によって書き方が一貫していない場合があります。

例えば、顧客からの「問合せ」と、それに対する企業側の「回答」を記載している Excel の管理簿を考えてみましょう。あるセルには 1 つの質問が含まれ、別のセルでは複数含まれている場合もあります。さらに、複数の質問を区別するために、あるセルでは①②③を使い、別のセルでは (1) (2) (3) という文字を使っていたりします。

この書き方の違いは、文章を分割して 1 文単位で扱いたい場合に問題になります。喰い違いが軽微であれば機械的な前処理で吸収できますが、あまりにも混沌としているようだと、人手による修正などが必要になります。必ずしも常に同質でなければならないわけではありませんが、タスクへの影響の有無に応じた対策が必要となります。

最後にデータ形式の問題です。データの形式変換に伴う文字化けのチェックや、文字コードが正しく扱われているかに気を配る必要があります。また、HTML や office の文書ファイルから単純にテキストを抽出した際には、ページ区切り、段落、見出し、メニュー等の構造情報がしばしば失われてしまいます。こうした場合、後続のタスクに問題が起こらないか、チェックする必要があります。

表 7.2 は、上記のような点に留意した、テキストデータに対するアセスメント報告の一例です。

表 7.2 データアセスメントレポートのサマリ

診断種別	診断項目	診断No.	診断結果	件数	対応措置	判 定
形式チェック	欠損値チェック	1	「管理 ID」の欠損	40	弊社側でダミー値を採番する	OK（軽微な問題）
		2	「分類カテゴリ」の欠損	312	紹介分類の付与されていないものについては弊社側で除外する	OK（軽微な問題）
		3	「本文」の欠損	10	項目が欠損している場合、行ごと弊社側で除外する	OK（軽微な問題）
	重複チェック	4	「管理 ID」の重複	243	管理 ID は重複しているが、内容は重複していないことを確認済み。管理 ID の採番ミスとして扱い、弊社側でダミー値を採番する	OK（軽微な問題）
		5	「本文」の重複	512	同一サンプルの重複記載ではなく、別々のタイミングで同じ内容のデータが発生したことによる重複であるため、正当なデータである。そのためユニーク化等の対応はしない	OK（軽微な問題）
		6	「本文」が重複しているが、「分類カテゴリ」が異なる	290	一貫性がとれていないため、削除を行う	OK（軽微な問題）
	ファイルチェック	7	PDF や Word 等のファイルからのテキスト抽出	0	問題なし	OK
		8	ファイルの過不足チェック	0	問題なし	OK
内容チェック	文書長	9	極端に「本文」の内容が短く、不正な文と思われる	41	内容をチェックしたところ、無意味なデータであるため、削除する	OK（軽微な問題）
	単語頻度	10	不正なノイズのような単語が含まれる	0	問題なしのため対応なし	OK

7.2 不均衡データへの対応

ここまでの各章では、様々なテキストデータへ自然言語処理を適用してきました。しかし、そこで使ってきたデータセットはかなり整備されたものであり、実際のビジネスデータのほとんどは、ここまで綺麗に整備されてはいません。そこで本章では、自然言語処理をビジネスデータに適用する際にしばしば直面する、「不均衡データ」に対する策を考えていきます。

7.2.1 データ品質の調査

前節（7.1）のとおり、またデータ不均衡に閉じた話ではありませんが、実際にBERTを適用する前に、まずは実際のデータの中身をよく確認する必要があります。特に、データを準備する者と分析する者が異なる場合は、「思っていたデータと違う」というようなことが起こらないよう十分に注意すべきです。

例えば、正解データの付与基準がぶれている場合には、正解の再付与を優先すべきです。一文が長すぎる文章ばかりが存在する場合には、事前に文章を分割しておくべきかもしれません（一般的にBERTは1度に512トークンまでしか扱えません）。記号ばかりの文や、数文字のみの文など、明らかに学習に不適切なデータが含まれている場合、それらのデータをそのまま用いて学習を行ってはならず、ノイズデータとして除去する必要があります。

また、言語処理を行うまでもないデータ、例えば文書分類において、ある特定の単語が含まれるか否かなど、簡易なルールで結果が得られるようなデータについては、BERTで処理する前に分類するなども検討すべきでしょう。

以上のように、「データを入手したからすぐにBERTを適用する」というわけではなく、人手でデータの傾向を確認する必要があります。

7.2.2 不均衡データ課題の概説

処理対象のデータに偏りがあるものを「不均衡データ」と呼びます。これへの対応は、自然言語処理のビジネス適用では頻出する課題となります。文書分類における不均衡データを例に挙げて説明します。

例えば、AとBの2種類のクラス分類を行うタスクにおいて、Aクラスのデータ数50個に対してBクラスのデータ数が1000個あるとします。

このような場合、すべてのデータをそのまま利用して学習モデルを構築すると、大抵の場合、Aクラスと予測することが滅多にないモデルが出来上がってしまいます。仮にすべてのデータをBに分類しても95%が正解となるため、Bと答えやすいモデルになってしまうからです。こういったモデルは、あたかも精度が非常に高いように見えかねないため、要注意です。

それでは、不均衡データに対しての代表的なアプローチを2つ紹介します。

●データのダウンサンプリング

第1に、数の多いクラスのデータを減らし、少数クラスに近づけることで、一方に偏った予測をするモデルの生成を抑止することができます。

データを減らす際には、ランダムに目標量まで削除するアプローチが高速ですし、非常に一般的です。一方、この方式でデータを削除してしまうと、当該クラスを表す重要なデータが失われる可能性があります。そこで、他のクラスと判別が難しいデータについては削除を避けたり、似た内容を表すデータを優先して削除する、といったアプローチも採られています。

自然言語処理では「似た文」の定義は簡単ではありませんが、例えば、「pythonで自然言語処理を行っている」と「自然言語処理をpythonで行っている」という2文は、一方だけを学習データとしても大きな影響はないでしょう。ここまで極端でないにせよ、ある程度同じような単語が出現する文章など、類似した文を削除することで、情報量を大きく損ねることなくデータをダウンサンプリングすることができます。

こういった処理を実現するためには、ランダムに文章を削除するよりも、「文中の名詞が8割一致する文章を削除する」などの対応が検討対象となります。

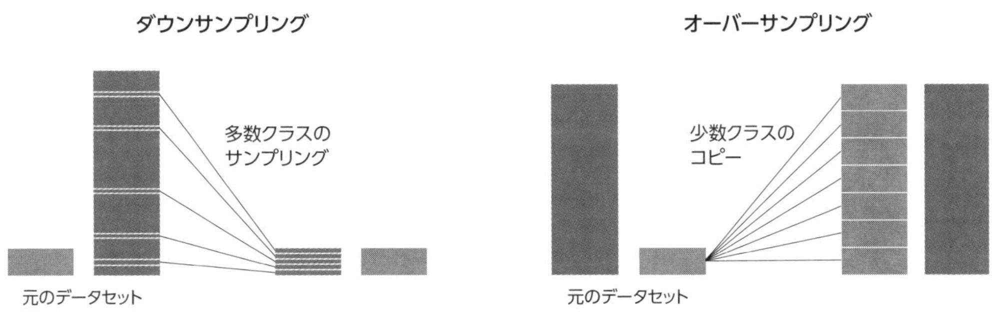

図7.2 データのダウンサンプリングとオーバーサンプリングイメージ

●データのオーバーサンプリング

ダウンサンプリングとは逆に、数の少ないクラスのデータを増加させるアプローチです。このアプローチも、単に既存のデータを複製して増加させると、複製したデータに偏った学習につながってしまいます。そこで、「データ拡張」という技術を用いて、既存のデータから少し異なる新しいデータを作成して追加する方法がよく採られています。

データ拡張は画像分野で特に有効性が確認されています。なぜなら画像の場合、左右反転させる、斜めに傾ける、拡張・縮小するなどの操作を加えても、その画像の内容が変わることは稀なため、品質の高い分類用の学習データとして活用できる可能性が高いからです。一方、テキストデータの場合、文章中の１単語が入れ替わるだけでもガラッと意味が変わり、タスクにおける分類結果が異なることもあります。どういった方法で拡張を行うのが適切かは、タスクに依存します。例えば、以下のような方法が考えられます。

◆データが複数の文章で構成される場合、その組み合わせを変えたデータを追加する

Ex　ニュースの IT クラス文の複製例

- 原　文１：株式会社 N はコミュニケーション機能の拡充へ向けた「□□」の提供を開始している。そんな同社が新しいサービス展開を明らかにした。
- 原　文２：A は〇〇のプレビューをリリースした。この機能は、悪意のあるソフトウェアからコンピュータを守る革新的なセキュリティ機能だ。

上記の原文１および２より、拡張文３および４を生成する

- 拡張文１：株式会社 N はコミュニケーション機能の拡充へ向けた「□□」の提供を開始している。この機能は、悪意のあるソフトウェアからコンピュータを守る革新的なセキュリティ機能だ。
- 拡張文２：A は〇〇のプレビューをリリースした。そんな同社が新しいサービス展開を明らかにした。

◆既存の文章の単語を同義語に置き換えることで少し異なる文章を構築する

- 原　　文：花粉症がつらい。
- 拡 張 文：花粉症がきつい。（「つらい」を「きつい」に変換した文）

◆逆翻訳（日本語→英語→日本語と翻訳）を行った文章を追加する

- 原　　文：株式会社 N は製品 A を開発した。
- 中 間 文：N Corporation developed product A.
- 拡 張 文：N が製品 A を開発。

それでは、実際に不均衡データに対する分類を行ってみます。

7.2.3 不均衡データの影響確認

本節では、5章で扱ったlivedoorニュースの分類タスクを題材にして、不均衡データの分類を行っていきます。

最初に、5章のデータから3分類のみを取り扱う形とします。

- 参考実装　データ拡張：本書サンプルコード ch07_02_augmentation.ipynb

特定のラベルのデータのみを取り扱うようにし、idを振り直します。また、kaden-channel:0、movie-enter:1、sports-watch:2とidとラベルの振り直します。

リスト7.1：3ラベルデータの作成

```
df_sub = df_dataset[df_dataset["id"].isin([2,5,7])]
df_sub['id'].loc[df_sub['id'] == 2] = 0
df_sub['id'].loc[df_sub['id'] == 5] = 1
df_sub['id'].loc[df_sub['id'] == 7] = 2
df_sub.head()
```

	id	label	title	text	all
4764	1	movie-enter	【終了しました】ハリウッドも注目する"笑って泣ける"話題作『最強のふたり』ジャパンプレミアにご招待	第24回東京国際映画祭で最高賞サクラグランプリと、主演男優賞（フランソワ・クリュゼ、オマール…	【終了しました】ハリウッドも注目する"笑って泣ける"話題作『最強のふたり』ジャパンプレミアに…
4108	1	movie-enter	「スター・ウォーズ3D」のポスター公開！ダース・モールのライトセーバーが輝く	公開から35年経った現在でも、映画の枠を超え世界中のカルチャーに影響を与え続けている『スター…	「スター・ウォーズ3D」のポスター公開！ダース・モールのライトセーバーが輝く:公開から35年…
4119	1	movie-enter	坂本真綾が新たなヒロイン像「あんなに可愛い酔っ払いはいない」	『攻殻機動隊』などで知られる、士郎正宗のメジャーデビュー作となった伝説的SFコミックス『アッ…	坂本真綾が新たなヒロイン像「あんなに可愛い酔っ払いはいない」：『攻殻機動隊』などで知られる、…
5727	2	sports-watch	【Sports Watch】人気女子ゴルファー、苦難の時代を語る	歴代3位のスピードで生涯獲得賞金3億円を超えた諸見里しのぶに、昨年1億4千万円もの賞金を獲得…	【Sports Watch】人気女子ゴルファー、苦難の時代を語る:歴代3位のスピードで生涯獲…
4691	1	movie-enter	【編集部的映画批評】低予算最恐映画を楽しむための3つの掟	「そんな怖いもの見せないで……でも、気になるからちょっと見たい」人間はなぜそんな矛盾した感情…	【編集部的映画批評】低予算最恐映画を楽しむための3つの掟:「そんな怖いもの見せないで……でも…

リスト7.2：3ラベルデータの確認

```
df_sub['label'].value_counts(ascending=True)
```

```
kaden-channel    865
movie-enter      871
sports-watch     901
Name: label, dtype: int64
```

作成したのは、3クラスのみのデータセットです。以降、5章と同等にモデルを構築し、推論をさせていくと、以下のような結果になります。

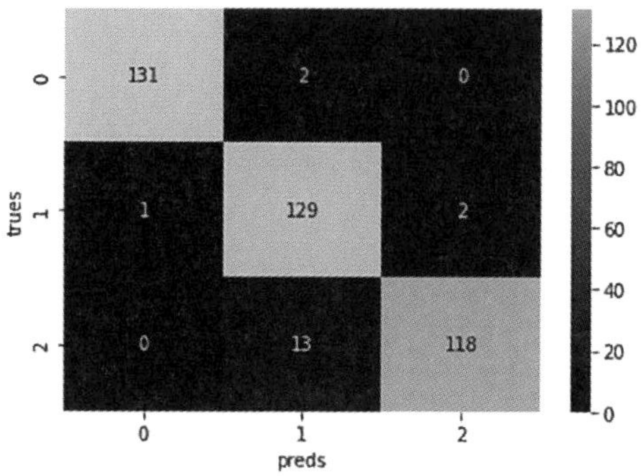

図 7.3 3クラスの結果

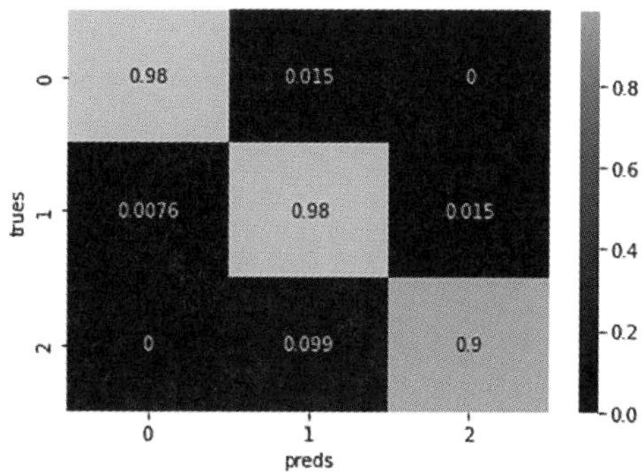

図 7.4 3クラスの結果(割合)

精度は以上のようにかなり高い値となりました。これは9分類から3分類となり、簡単なタスクになった影響が大きく効いています。

それでは、不均衡データの影響を確認するために、学習データの1クラスのデータを削減して不均衡にします。今回は、元々作成したtrain、dev、testデータを維持したまま、sports-watch(クラス2)のデータのみを5分の1の量にします。

リスト 7.3:不均衡データの削減

```
#sports-watchに該当する行番号のみ取得
index = df_sub_train[df_sub_train['id'] == 2].index
#大体5分の4の削除データを指定
new_index = index[index % 5 != 0]
#当該行を削除
df_sub_train.drop(index=new_index,inplace=True)

#同等のことをdevとtestデータにも適用
index = df_sub_dev[df_sub_dev['id'] == 2].index
new_index = index[index % 5 != 0]
df_sub_dev.drop(index=new_index,inplace=True)

index = df_sub_test[df_sub_test['id'] == 2].index
new_index = index[index % 5 != 0]
df_sub_test.drop(index=new_index,inplace=True)
```

以上の手順で、ラベルごとにデータ数が不均衡なデータを作成できました。train、dev、testデータはそれぞれ以下の内訳となりました。

表 7.3 ラベルごとの検証データの内訳

	train	dev	test
Kaden-channel	605	127	133
Movie-enter	606	133	132
Sports-watch	124	31	25

総じて、sports-watch クラスは他のクラスに比べて 5~6 分の 1 程度のデータ量となっていることが分かります。

このデータで今までどおりモデルの構築と推測を行うと、どうなるでしょうか。

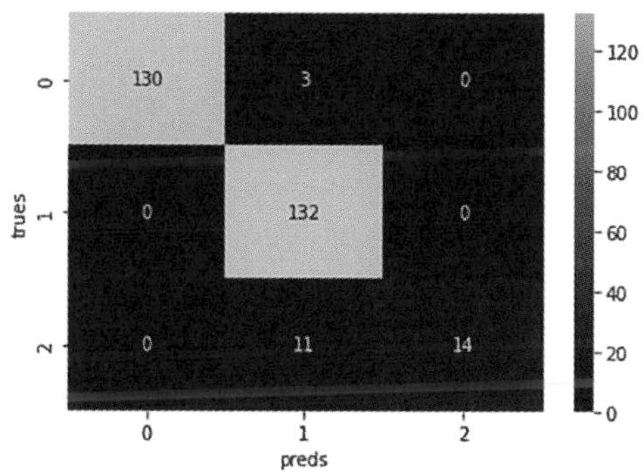

図 7.5 不均衡 3 クラスの結果

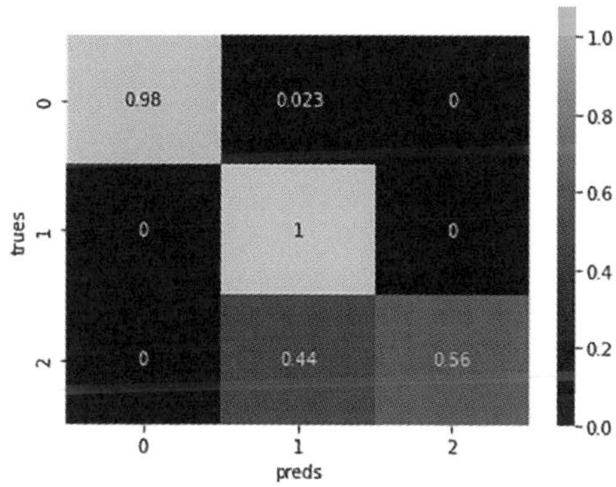

図 7.6 不均衡 3 クラスの結果(割合)

以上のように、データ数を減らしたsports-watch (クラス 2) は、あまり推測がされなくなり、半分以上のデータを他のクラスとして推測するようになりました。これは、クラス 2 の学習データが少なくなったので、「他のクラスである」と回答することが、モデルにとっては誤りが少ない推論となるためです。

これが不均衡データの影響です。今回は半分程度正答できていますが、実際はもっと極端に推測結果が偏ることも多々ありますし、少ないクラスに着目した場合は大きく精度が低下していきます。

7.2.4 不均衡データへの対応（オーバーサンプリング）

続いて、少量クラスのデータについて、データ拡張を行いつつオーバーサンプリングするアプローチによって、この予測結果の改善を試みます。

- 参考実装　データ拡張：本書サンプルコード ch07_02_unbalance.ipynb

今回は daaja[1] というライブラリを使ってデータ拡張を行います。このライブラリは様々な自然言語解析向けデータ拡張手法の、日本語向け実装です。現在は、今回扱っている文書分類タスク向けに 1 種類、情報抽出向けに 1 種類の合計 2 種類の論文実装を利用できます。本書ではこのうち、文書分類タスク向けの方式である EDA[2] を用いてデータ拡張を行います。

EDA とは Easy Data Augmentation の略で、1. 同義語で単語置換、2. 同義語の挿入、3. 単語の入れ替え、4. 単語の削除という 4 種類のデータ拡張手法が検証されています。

daaja は pip でインストールでき、利用法も非常に簡単です。

リスト 7.4：EDA の利用準備

```
from daaja.methods.eda.easy_data_augmentor import EasyDataAugmentor
augmen-tor = EasyDataAugmentor(alpha_sr=0.1, alpha_ri=0.1, alpha_rs=0.1, ⏎
p_rd=0.1, num_aug=2)
```

以上で利用準備は完了です。EasyDataAugmentor で、4 種類の手法全てを一度に適用しており、それぞれの適用割合および生成する拡張文の数（num_aug）を指定しています。今回は num_aug=2 ということで、1 文から 2 文の拡張文を生成する意味になります。

リスト 7.5：EDA の適用

```
new_data = []
for line in open('/content/drive/MyDrive/bert/5_1_livedoor_news/⏎
title_dataset3/train.tsv','r'):
  id, title = line.split("\t")
  if id =='2':
    aug_texts = augmentor.augments(title.rstrip())
    for t in aug_texts:
```

1　https://github.com/kajyuuen/daaja
2　Wei, Jason, and Kai Zou. "Eda: Easy data augmentation techniques for boosting performance on text classification tasks." arXiv preprint arXiv:1901.11196 (2019).

```
      #学習に適さない文章が生成された場合は利用しない
      if len(t) < 5:
        continue
      new_data.append(f'{id}\t{t}')
  else:
    new_data.append(line.rstrip())
```

上記のコードで、sports-watch データのみにデータ拡張を行いました。また、データ削除の結果、短すぎる文章が生成された際には利用しないよう、処理を加えています。

データを拡張したら、学習データ train.tsv を拡張データで置換します。

リスト 7.6：学習データの入れ替え

```
import random
random.shuffle(new_data)
#  元のデータをバックアップ
!mv /content/drive/MyDrive/bert/5_1_livedoor_news/title_dataset3/train.⤶
tsv /content/drive/MyDrive/bert/5_1_livedoor_news/title_dataset3/⤶
bk_train.tsv
# 一文ずつtrain.tsvに出力する
with open('/content/drive/MyDrive/bert/5_1_livedoor_news/title_dataset3/⤶
train.tsv', 'w') as f:
  for data in new_data:
    f.write("%s\n" % data)
```

学習データのみを拡張し、テストデータは変更していません。

以上で準備は完了です。

それでは、ここまでと同等の手順でモデルを構築し、推測を行ってみましょう。結果は以下のとおりです。

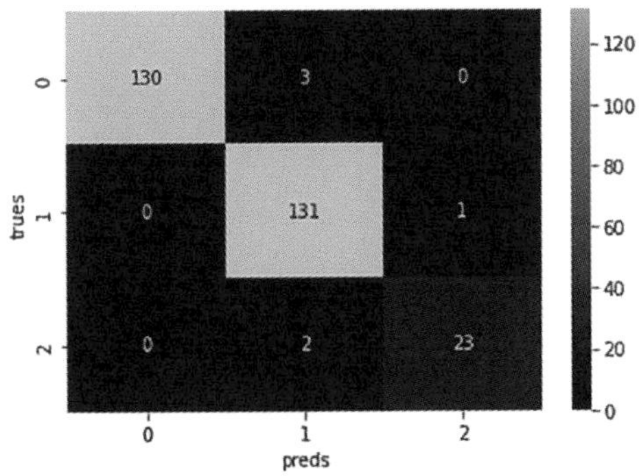

図 7.7　不均衡 3 クラス拡張後の結果

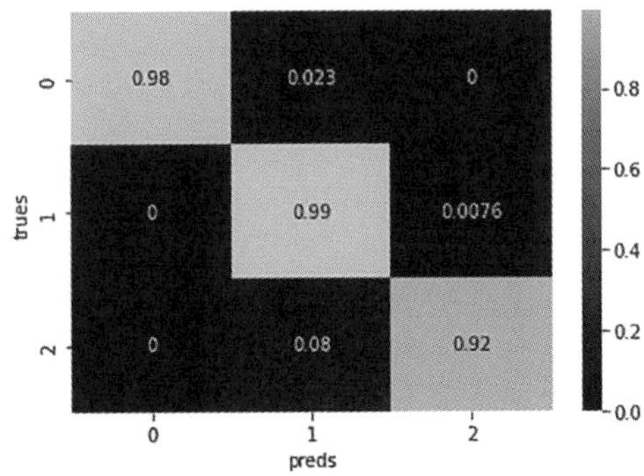

図 7.8　不均衡 3 クラス拡張後の結果(割合)

拡張する前は半分程度しか正答できていなかったクラス 2 も 93% 正答できていますし、他のクラスの精度も大きくは低下していません。不均衡なデータながら、全クラスを一定の精度で推論できるモデルを構築できたと言えます。

実データの解析の際は、クラスごとの重要さが異なるなどの理由から、毎回少量クラスを拡張すればよいという訳にはいきません。それでも、元のラベル付きデータを増やすことなく少量データに対するモデルの予測を改善する基本的な手順は、以上のようになります。

Column　この商品の評価は星いくつ?

読者の皆さんは、オンラインショッピングの際にカスタマレビューを見ますか。筆者はレビューの星の分布を結構気にして見ます。

ところで、本書で利用している huggingface のホームページ上では、オンラインで様々な種類のモデルを簡単に使うことができるサービスが提供されています。ここでは多言語対応した商品レビューの 5 段階評価モデル「bert-base-multilingual-uncased-sentiment」[3] を紹介します。

こちらのモデルは英語、オランダ語、ドイツ語、フランス語、スペイン語、イタリア語の製品レビューを学習したとのことですが、マルチリンガルモデルということで日本語の商品レビューも行えます。

3　https://huggingface.co/nlptown/bert-base-multilingual-uncased-sentiment

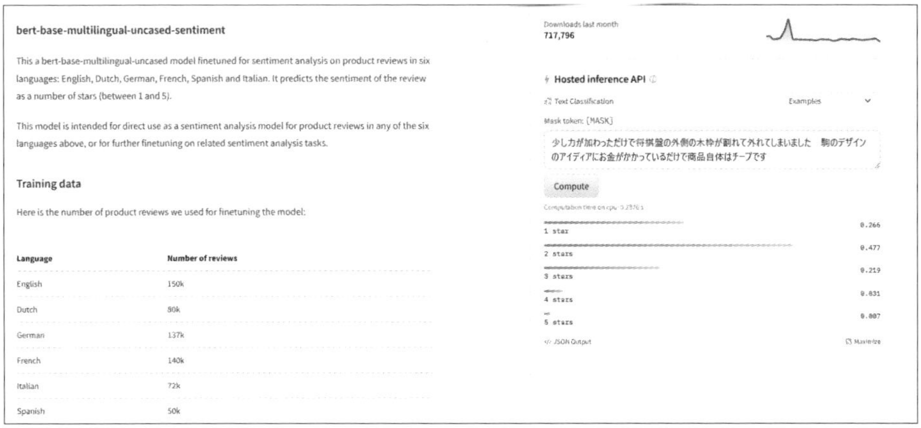

図 7.9　商品レビューの 5 段階評価(bert-base-multilingual-uncased-sentiment)

サイト右側のテキストボックスにレビュー文を入力（改行は削除してください）すると、5 段階評価それぞれの確からしさがスコアとして表示されます。この結果が、元のレビューの星の個数と合致していることがかなり多いという印象を受けています。

日本語のデータで学習を行っていないにもかかわらず、こういった結果を出せることは、驚くべきではないでしょうか。このモデルを基に、さらに学習をさせることもできます。だとしたら、皆さんも、多言語対応した自然言語処理技術を開発できる気がしてきませんか？

なお、huggingface のサイトでは、ほかにも文章の要約やテキスト生成のモデルなどが試せます。日々モデルは増えていきますし、気軽に自然言語処理技術を試す環境としてお勧めです。

7.3 根拠抽出

7.3.1 説明可能なAI

自然言語処理に限らず、AIをビジネス適用する際に、AIモデルに対して説明性が求められることがあります。AIモデル自体の振る舞いやモデルの推定結果に対する根拠づけを行う技術を「説明可能なAI（XAI：Explainable AI）」と呼びます。

XAIは大別すると、モデル自体の傾向を説明する「大局説明」と、個々の入力データに対する推定結果を説明する「局所説明」の2種類に分けられます。本節では、BERTの分類モデル（5.2節）に対する局所説明の例として、LIMEという手法の説明結果を見てみます。

Column XAIの種類

大局説明（Global Explanation）と局所説明（Local Explanation）には、それぞれ表7.4のような特徴があります。両者ともに様々な手法が提案されていて、筆者の知る限りでは、デファクトスタンダードになっている手法や、万人が納得できる説明を出力する手法はありません。このため現状では、求められている説明の内容やAIモデルの仕組みに応じて説明手法を選択する必要があります。

表7.4　大局説明と局所説明の違い

	大局説明	局所説明
概要	様々な入力に対するAIモデルの振る舞いを観察し、モデル全体の傾向を分析する説明方法	個々の入力に対して推定の過程や推定の根拠となる要素※を分析する説明方法
特徴	• 簡単な構造のモデル（決定木など）にのみ対応する手法が多い • 簡単なモデルに置き換えることで説明を行う手法もある	• 複雑な構造のモデル（ディープラーニングなど）にも対応した手法が多い • 1つ1つのデータに対して精緻な分析が行える
手法の例	• Permutation Importance • Tree Surrogate	• LIME • SHAP

※自然言語処理の文脈では、単語や文字などの単位で入力データを分析することが多い

7.3.2 LIMEとは?

LIME[4]は局所説明を行うXAIの手法の一つです。2016年に発表された技術で、汎用的に使えることと、比較的軽量であることから、よく用いられます。汎用性については、Bag of WordsやBERTなどの説明対象モデルのアルゴリズムを選ばず、さらに、テキスト・画像・表形式などのデータ形式も問わないという特徴があります。Pythonには可視化まで含めたライブラリが公開されていて、手軽に扱うことができます。

LIMEの仕組みを簡単に紹介します。LIMEの肝となるアイデアは、説明対象データの一部をマスキングしたデータに対してAIモデルで推定し、マスキング前後の推定結果が変わるかどうかによって、マスキングした部分が重要だったかどうかを判断するというものです。ニュースタイトルのカテゴリ分類結果をLIMEで説明した例を図7.10に示します。このマスキングのパターンを変えながら推定を多数繰り返すことで、説明対象データの中で推定結果に大きく影響を与えている部分を炙り出します。

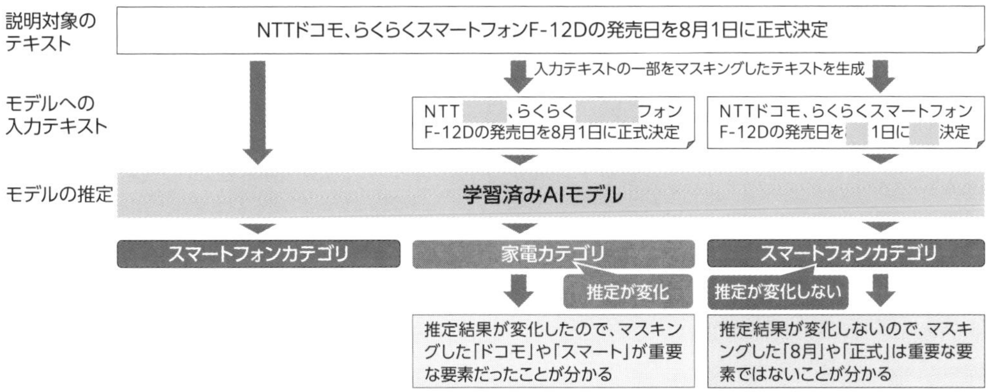

図7.10 自然言語データでのLIMEのイメージ

7.3.3 LIMEでの説明結果

局所説明をビジネス適用する際に、多くは以下2つの目的のいずれか、または両方で利用されます。

- 推定結果が正しいデータに対して結果の根拠付けを行い、利用者の納得感を得る
- 推定結果が誤ったデータに対して原因を特定し、モデル性能向上の参考情報とする

4 LIME：https://arxiv.org/abs/1602.04938

本節ではこれらの目的を踏まえつつ、5章の5.2.3項で作成したBERTモデルを用い、LIMEの説明結果を解説します。最初に、以下の文をBERTモデルに入力した際の説明結果を見てみます。

NTT ドコモ、らくらくスマートフォン F-12D の発売日を 8 月 1 日に正式決定 …… ①

自然言語処理分野でのLIMEの説明としては、図7.11のような結果が出力されます。なお本節では、最終的なモデルの推定カテゴリとそれに関連する情報をピンク色、それ以外をグレーで表示します。

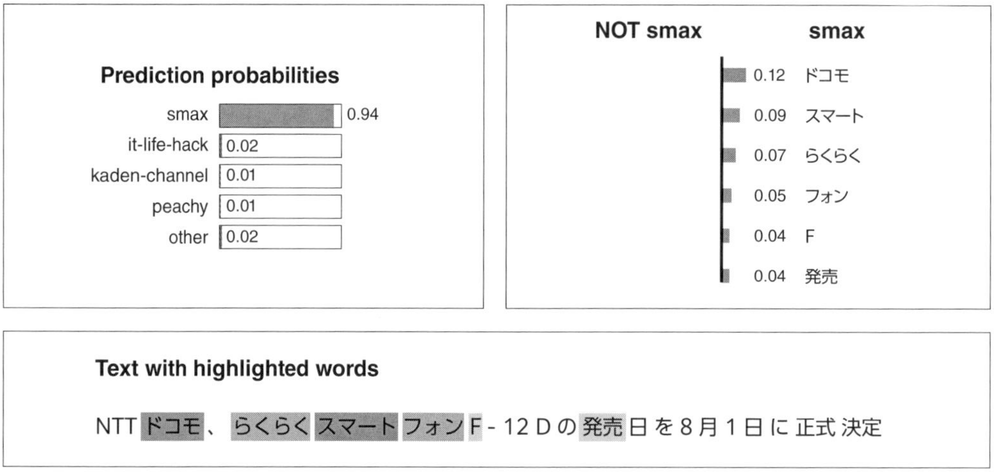

図 7.11　①に対するLIMEの説明

図の左上の部分は、BERTモデルの推定結果と、結果に対する確信度合いを表しています。最も値が大きいカテゴリを推定結果として出力しており、推定結果の確信度が高いほど、モデルが結果に自信を持っていると見ることができます。

図の右上の部分は、着目しているカテゴリに対する、トークンごとの寄与度を説明しています。数値の大きいトークンほど、この推定結果における重要度が高いことを意味します。この部分がLIMEの説明の肝となる所です。着目しているカテゴリは、モデルが出力したカテゴリや正解のカテゴリを設定することが多いですが、自由に選ぶこともできます。

図の下段は、LIMEの説明結果を入力テキストにマッピングしたものです。色が濃いトークンほど、推定に対する寄与度が高いという意味です。（本書の印刷ではわかりにくいですが、）色相は右上の図と対応付いています。

以上を踏まえて、①の入力テキストに対する説明結果を見てみましょう。

BERTモデルは、①がsmax（スマートフォン関連の情報サイト）のカテゴリに属すると推定しています。図中には表示されていませんが、実際の正解情報もsmaxなので、正しい推定です。

BERTモデルがsmaxと推定するために重視したトークンは、「ドコモ」・「スマート」・「フォン」・「らくらく」となっています。前3つはスマートフォンとの関係性が明白であり、「らくらく」も「らくらくスマートフォン」が一定の知名度を持つスマートフォンのブランドであるため、説明結果は妥当と言えるでしょう。

次に、もう少しきわどい推定の例を見てみましょう。入力テキストは以下です。

『バック・トゥ・ザ・フューチャー』に登場するデロリアン、世界30台限定で販売 …… ②

説明結果は以下（図7.12）のようになります。

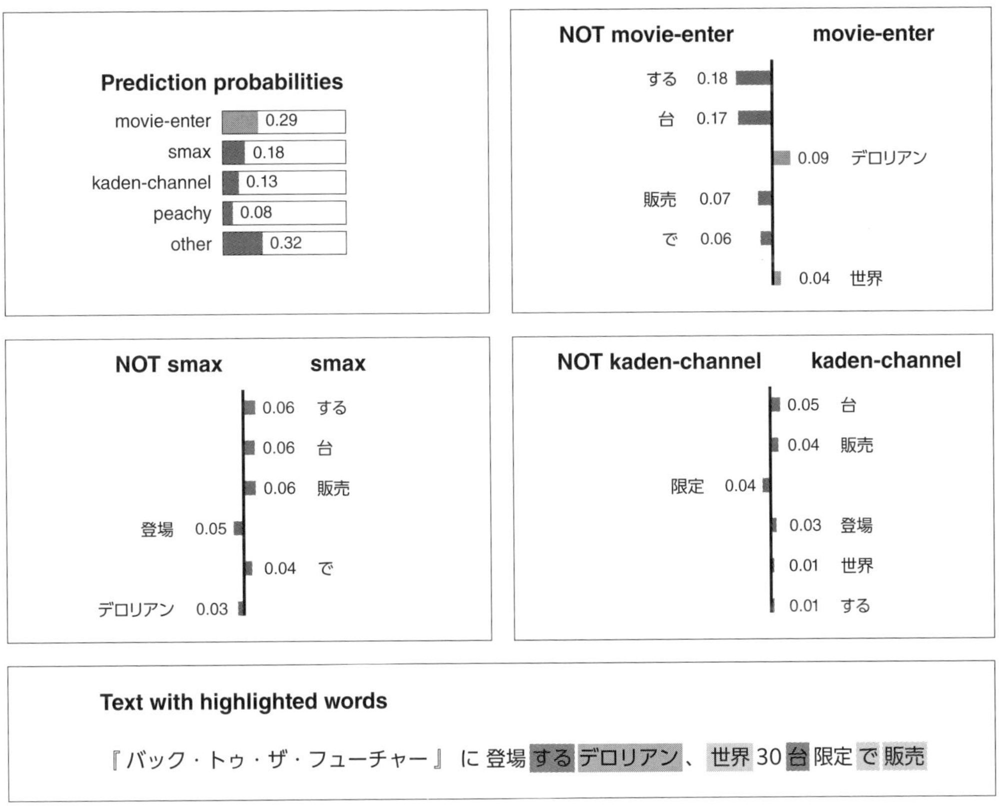

図 7.12　②に対するLIMEの説明

BERTモデルは、②がmovie-enter（映画関連の情報サイト）のカテゴリに属すると推定しています。図中には表示されていませんが、実際の正解情報もmovie-enterなので、正しい推定です。しかし、今回の事例ではmovie-enterの確信度が低く、モデルが自信をもって推定してはいないことが見てとれます。確信度2位のsmaxや、3位のkaden-channel（家電関連の情報サイト）と迷っていることが分かります。そのため比較対象として、確信度上位3つのカテゴリが重視しているトークンを表示しています。

BERTモデルがmovie-enterと推定するために重視したトークンは、「デロリアン（映画バック・トゥ・ザ・フューチャーに登場する車）」・「世界」となっています。なお、「デロリアン」や「バック・トゥ・ザ・フューチャー」は学習データに含まれていないので、BERTモデルは文脈や周囲の表現から「デロリアン」が映画と関連があることを推定しています。このようなことを実現できることが、従来のキーワードベースの手法に比べてBERTの優れている点だと言えるでしょう。同時に確信度が低い要因であると思われます。一方で、「する」・「台」・「販売」などのトークンは、映画との関連性は薄いとBERTは判断しているようです。

正解ではありませんが、smaxやkaden-channelと推定するために重視したトークンも見てみましょう。「台」や「販売」は、スマートフォンや家電の記事に出現しそうです。「登場」はスマートフォンの文脈ではあまり使われなさそうですし、「限定」は家電の売り文句としてはあまり見かけないように思われます。「する」は汎用的な言葉で、特に意味はなさそうですが、学習データの中でsmaxとして多く出現したのでしょうか。

ここまでの内容は、筆者の考察であることに留意してください。しかしながら、実ビジネスにおいては、AIの推定結果に解釈を加えていくことで、ユーザのAIに対する安心感や納得感を醸成できる場合もあります。2021年現在では、LIMEをはじめとしたXAIの技術は考察の材料を提供してはくれますが、それをどのように分析するかは人間の手に委ねられている状況です。

最後に、BERTモデルの推定が間違っている例について、説明を見てみましょう。入力テキストは以下です。

日本のサイバー犯罪捜査は変革を迫られている【役立つセキュリティ】……③

説明結果は図7.13のようになります。

BERTモデルは、③がkaden-channelのカテゴリに属すると推定しています。しかし正解のカテゴリはit-life-hack（IT関連の情報サイト）なので、推定結果は誤っています。

BERTモデルがkaden-channelと推定するうえで重視したトークンは、「サイバー」・「日本」・「変革」です。これに基づき学習データセットに立ち返ってみると、次のようなことが分かります。

「サイバー」は学習データ中では、「前方に案内が浮かび上がる⁉　世界初のサイバーなカーナ

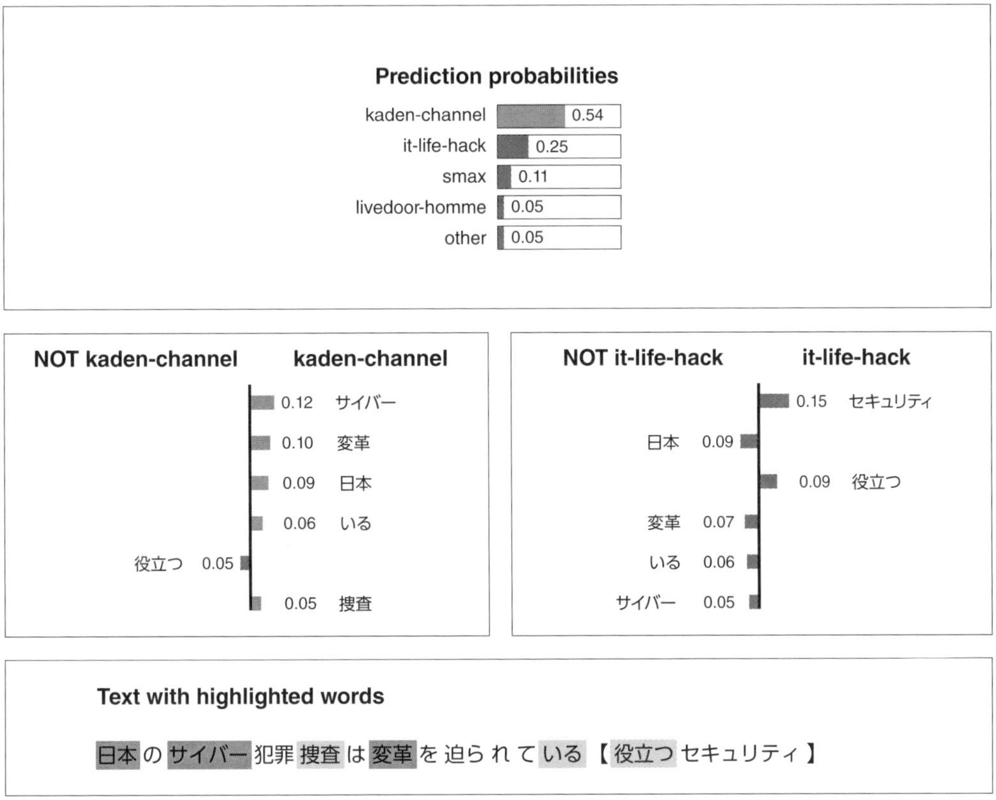

図 7.13 ③に対する LIME の説明

ビがパイオニアから発売【売れ筋チェック】」のような用例で、kaden-channel のカテゴリとして使われています。「日本」は、単純な表記のみではむしろ sports-watch に多く登場しています。しかし、「日本に進出する中国家電メーカー！ OEM 供給ではすっかり定着【話題】」のような用例で、kaden-channel として登場しており、ほかにも「文頭に日本＋文末に【】」というパターンが複数個学習データに含まれています。これが影響を与えていると考えられます。「変革」は、学習データ中に 1 件も登場していません。周囲の文脈や語順などから、kaden-channel に属するトークンだと判断されているのでしょう。

このように BERT モデルが推定を誤った事例について、LIME を用いながら分析していくことで、誤った原因の単語や用法についての知見を得ることができます。そうしたデータを学習データに追加するなどすれば、モデルの改善につながります。

7.4 ドメイン特化モデル

7.4.1 ドメインに特化したモデルとは?

続いては、「言語モデルを特定ドメインに特化させる」というアイディアをご紹介します。

BERTなどの言語モデルは、基本的にWikipediaなど一般的な文章を用いて事前学習を行っています。そのため、ビジネスで取り扱う専門性の高い文章に対しては、専門用語や業界特有の言い回しの解釈が困難となり、あまり性能を発揮できない可能性が指定されています。

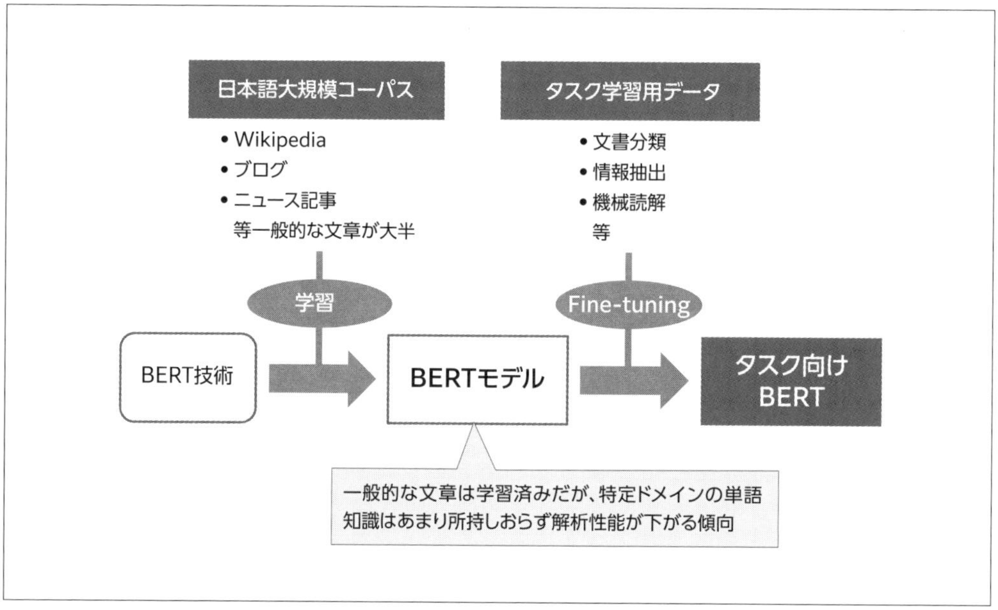

図7.14　BERTの業務文章適用時の課題

これに対しては、いくつか対応が考えられます。

対策1：タスク学習用データを追加する

該当タスク向けの学習データを一般分野よりも多く集めることで、特定ドメインにおいてもタスクの回答精度が高まることを期待できます。一方、大量のデータをどこから準備するのかの課題や、学習用のラベルの付与コストの課題は残ります。これに対しては、データ拡張などにより、疑似的にデータを増やすことも考えられます。

対策2：事前学習を特定領域のテキストで行う（ドメイン特化モデルの構築）

一般的な文章ではなく、特定のドメインの文章で事前学習を行わせることで、当該ドメインのテキスト解釈に長けたモデルが構築可能になります。このアプローチでは、大量のテキストデータの準備は必要ですが、正解付与は不要となります。一方、こちらのアプローチにも、大量のテキストデータをどのようにして準備するのかという課題は残ります。

対策3：外部リソース等の活用

テキストデータのみではなく、外部知識を活用する取り組みについても、研究が進められています。例えば、生物医学分野では薬品名や病名、およびそれらの関係性がKnowledge Baseという形で整備されています。このようなKnowledge Base情報を専門知識として参照しながらテキストを解析することで、特定領域の解釈能力を高める方式の研究も進んでいます。

いくつか対策を例示しましたが、本節では「対策2」に関し深堀をしていきます。

7.4.2 ドメイン特化モデルの例

ドメイン特化モデルはBERT登場以降、様々な領域で構築され、その効果が報告されています。

例えば、英語においては生物医学分野のモデルであるBioBERT[5]や、金融分野に特化したFinBERT[6]などが公開されていますし、日本語においても臨床テキストを用いて学習させたUTH-BERT[7]が公開されています。主に、事前学習用のテキストデータを大量に収集しやすいドメインで、研究が深まっている状態です。

このようなモデルをゼロから構築する際には、大規模なテキストデータの準備に加えて、高性能なGPU環境が必須となります。GPUを利用するとなると、オンプレミスのGPUサーバは高価ですし、クラウド環境であっても、高性能なGPUを使えるインスタンスの利用料金は安くありません。このように、自分の構築したいドメインのモデルを構築するには、高いハードルがあるのが現状です。自分の扱いたい分野のドメインモデルが公開されていればラッキーですね。

5　Lee, Jinhyuk, et al. "BioBERT: a pre-trained biomedical language representation model for biomedical text mining." Bioinformatics 36.4 (2020): 1234-1240.

6　Araci, Dogu. "Finbert: Financial sentiment analysis with pre-trained language models." arXiv preprint arXiv:1908.10063 (2019).

7　Kawazoe, Yoshimasa, et al. "A clinical specific BERT developed with huge size of Japanese clinical narrative." medRxiv (2020).

Column ドメイン特化BERT構築フレームワーク

ドメイン特化モデルは、本書で紹介した以外にも多数存在します。一方、本節でも触れたように、ドメインに適した大量のテキストデータをどのようにして収集するかという課題は残っています。なお、NTT データでは、ドメインに特有の表現を自動的に抽出し、該当表現を含むテキストデータをオンラインで収集してくるドメイン特化 BERT 構築フレームワークを開発し、様々なドメインへの適用検証を進めています[8]。このフレームワークを使えば、大規模なテキストデータや GPU 環境を持っていなくても、処理対象の文章にマッチしたドメイン特化モデルを構築し、検証を行うことが可能です。

8　2021 年 3 月 16 日ニュースリリース「業務領域特有の用語や文脈を理解する言語モデルの提供体制確立～業界を限定しないさまざまなドメインに特化した BERT モデルの提供開始～」https://www.nttdata.com/jp/ja/news/release/2021/031600/

おわりに

最初にBERTを自分で触ったとき、従来よりも高い精度があっさりと出て、「これは凄いものが出てきた…」と興奮したのをよく覚えています。

近年の自然言語処理技術の発展スピードは凄まじく、本書を執筆している最中にも続々と新たなモデルが発表されています。その一方で、事前学習、特にTransformer型モデルを活用するという大きな流れは、BERTの登場以降変わっていません。BERTが与えた影響は、それほど大きかったということです。

本書は4名の著者が、書籍化することで広範な読者の役に立ちそうな部分を持ち寄り、作成したものです。この内容を理解し、習得していただくことで、今後当分の間、新しい自然言語処理技術を活用した検証が可能になると思っています。

最後になりますが、本書の出版をお声がけいただき、慣れない執筆活動を見守ってくださったリックテレコムの蒲生達佳さん、松本昭彦さんには深く感謝申し上げます。そして、本書を最後までお読みくださった皆様のご活躍を、執筆者全員でお祈り致します。

2022年6月　著者一同

Index

著者・監修者プロフィール

佐藤 大輔（さとう だいすけ）：第1章、2章、3.4節、4.3.3項、4.4節、7.2節、7.4節を担当

2012年、株式会社NTTデータに入社。自然言語処理技術のR&D組織にて研究開発に従事。様々な業界のビジネスデータへBERTを中心とした自然言語処理技術を適用するPoCをプロジェクトリーダとして推進している。

和知 德磨（わち とくま）：第5章（5.1～5.4節）、7.3節を担当

2016年、株式会社NTTデータに入社。ディープランニング技術を専門とし、自然言語処理・画像処理・説明可能AIなどの研究開発に従事。研究開発成果の技術・ノウハウ基にビジネス適用のための実現性検証やシステム開発なども行っている。

湯浅　晃（ゆあさ あきら）：第3章（3.1～3.3節）、7.1節を担当

株式会社NTTデータのR&D部門にてチャットボット、文書検索等の自然言語処理技術の研究やプロダクト開発に従事。NTTデータ社内塾のAI分野の塾長としてAI人材の育成も行っている。

片岡 紘平（かたおか こうへい）：第4章（4.1～4.3節の4.3.2項まで）、5.5節、6章を担当

2021年、株式会社NTTデータに中途入社。前職ではソーシャルゲームの分析・データドリブンコンサルティング業務に、現職では自然言語処理技術のR&D組織にて研究開発・PoC等に従事。ウェルビーイングを含む、人にフォーカスしたAIなどに興味がある。

野村 雄司（のむら ゆうじ）：本書全体を監修

2005年、株式会社NTTデータに入社。自然言語処理に関する研究開発および事業に従事。自身で開発した技術のビジネス適用、最新技術のトレンド調査の経験を経て、現在はR&Dチームをマネジメントする立場で、自然言語処理を中心とするAI技術の開発、ビジネス適用を推進。

BERT入門
——プロ集団に学ぶ新世代の自然言語処理

2022年8月2日　第1版第1刷発行

著　者　佐藤大輔・和知徳磨・湯浅 晃・片岡紘平
監　修　野村雄司

発行人　新関卓哉
企画担当　蒲生達佳
編集担当　松本昭彦
発行所　株式会社リックテレコム
〒113-0034 東京都文京区湯島3-7-7
振替　00160-0-133646
電話　03(3834)8380(営業)
　　　03(3834)8427(編集)
URL　https://www.ric.co.jp/

装　丁　長久雅行
DTP制作　QUARTER 浜田 房二
印刷・製本　シナノ印刷株式会社

●訂正等

本書の記載内容には万全を期しておりますが、万一誤りや情報内容の変更が生じた場合には、当社ホームページの正誤表サイトに掲載しますので、下記よりご確認下さい。

＊正誤表サイトURL

https://www.ric.co.jp/book/errata-list/1

●本書の内容に関するお問い合わせ

FAXまたは下記のWebサイトにて受け付けます。 回答に万全を期すため、 電話でのご質問にはお答えできませんのでご了承ください。

・FAX：03-3834-8043
・読者お問い合わせサイト：https://www.ric.co.jp/book/ のページから「書籍内容についてのお問い合わせ」をクリックしてください。

製本には細心の注意を払っておりますが、万一、乱丁・落丁(ページの乱れや抜け)がございましたら、当該書籍をお送りください。送料当社負担にてお取り替え致します。

ISBN978-4-86594-340-5　　Printed in Japan